QUESTIONS Réponses !

L'encyclopédie

Nathan

DK | Penguin Random House

Première publication en 2014 chez Dorling Kindersley Ltd.,
Grande-Bretagne, sous le titre *Why? Encyclopedia*
© 2014 Dorling Kindersley Limited,
une société de Penguin Random House
Tous droits réservés.
Sous la direction éditoriale de Jonathan Metcalf et Liz Wheeler
Direction d'édition : Andrew Macintyre
Édition : Gareth Jones, Fleur Star, Caroline Bingham,
Annabel Blackledge, Rod Green, Rob Houston,
Ashwin Khurana, Susan Reuben, Jane Yorke
Sous la direction artistique de Phil Ormerod,
Philippe Letsu et Spencer Holbrook
Illustrations : Adam Benton, Peter Bull,
Stuart Jackson-Carter, Arran Lewis
Graphisme : Dave Ball, Steve Crozier, Carol Davis, Paul Drislane,
Rachael Grady, Samantha Richiardi, Steve Woosnam-Savage
Cartographie : Simon Mumford
Couverture : Maud Whatley et Laura Brim
Conseillers : Jacqueline Milton (Espace), Douglas Palmer (Terre),
Kim Dennis-Bryan (Monde vivant), Philip Parker (Histoire),
Ian Graham (Sciences), Penny Preston (Corps humain)

Édition française
© 2015 NATHAN, SEJER
Pour la présente édition © 2017 Nathan, SEJER
25, avenue Pierre de Coubertin – 75013 Paris
Canada exclu
Traduction : Isabelle Meschi
Réalisation : PHB / Philippe Brunet
N° d'éditeur : 10231985
ISBN : 978-2-09-278708-3
Dépôt légal : octobre 2015

Loi n° 49-956 du 16 juillet 1949 sur les publications destinées
à la jeunesse, modifiée par la loi n° 2011-525 du 17 mai 2011.

Achevé d'imprimer en décembre 2016 par Hung Hing Printing
Group Ltd., Hung Hing Industrial Park, Fu Yong Town
Shenzhen, 518103 Chine

www.nathan.fr
mes-questions-reponses.fr

SOMMAIRE

L'espace

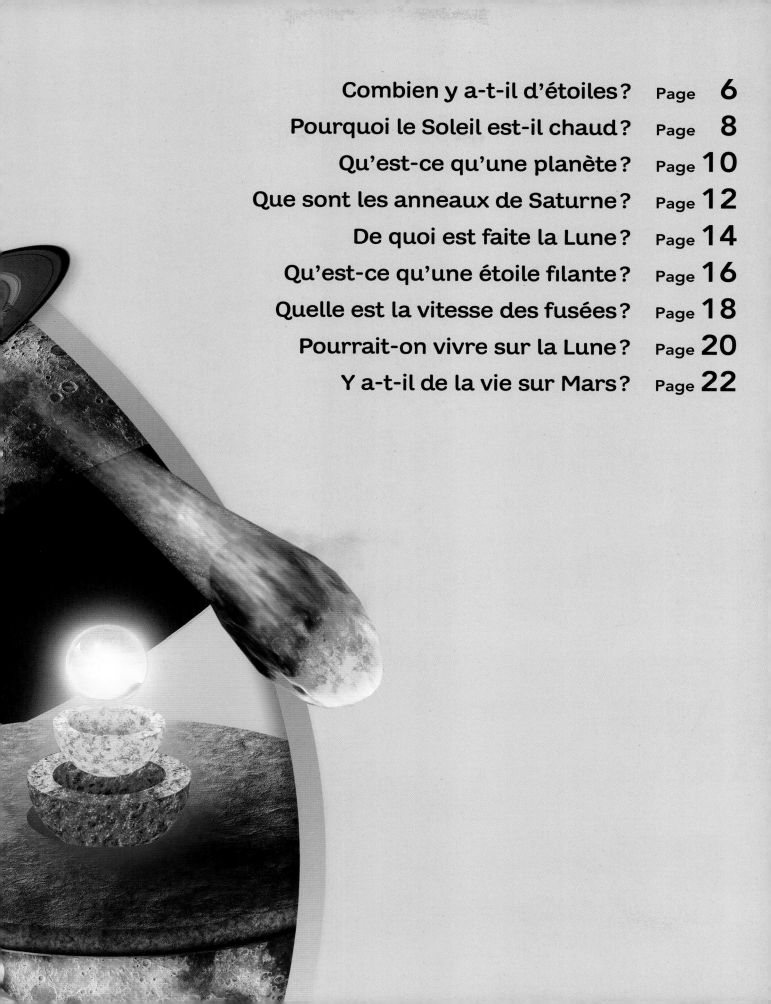

Combien y a-t-il d'étoiles ?

Notre galaxie, la Voie lactée, a des centaines de milliards d'étoiles. L'Univers contient plus de 100 milliards de galaxies, chacune ayant d'innombrables étoiles. Vue de la Terre, la Voie lactée apparaît comme une bande lumineuse dans le ciel nocturne. Si l'on pouvait la survoler, elle ressemblerait à une roue brillante.

Forme des galaxies

La forme de la Voie lactée s'appelle une spirale barrée : une barre traverse son centre et relie les bras spiraux. Les galaxies ont différentes formes (voir ci-dessous).

Spirale

Lenticulaire

Elliptique

Irrégulière

3 Nuages de

⭐ **1** **Centre de la galaxie**

Un trou noir se cache au centre de notre galaxie. On l'appelle trou « noir » car rien ne peut passer au travers, pas même la lumière.

Les plus grosses étoiles sont des supergéantes.

Système solaire **2**

La plus vieille étoile connue a 13,2 milliards d'années.

1 Centre de la galaxie

Nuages de poussières

5 Nuages de poussières

5 **Nuages de poussières**
Les zones sombres entre les bras spiraux sont des nuages de poussières les nébuleuses

4 Bras spiral

4 **Bras spiral**
Notre galaxie a la forme d'une spirale avec quatre « bras » principaux qui abritent des étoiles, des gaz et des poussières

Quiz express

 Comment s'appelle notre galaxie ?

 Qu'y a-t-il au centre de la galaxie ?

 Quel âge a la plus vieille étoile connue ?

3 **Nuages de gaz**
Notre galaxie contient d'énormes nuages de gaz. Les étoiles y naissent et les éclairent.

2  **Système solaire**
Notre système solaire a 8 planètes, environ 170 lunes et des millions d'astéroïdes et de comètes. Ils gravitent tous autour du Soleil.

Pourquoi le Soleil est-il chaud ?

Le Soleil est une boule géante faite de différents gaz. Au centre du Soleil (le noyau), ces gaz produisent de l'énergie sous forme de chaleur et de lumière. Cela rend le Soleil chaud et brillant. Puis, cette énergie voyage à travers l'espace et atteint la Terre en seulement 8 minutes.

Éclipse solaire

Une éclipse solaire totale se produit lorsque la Lune se place entre la Terre et le Soleil, cachant ce dernier à la vue. Le ciel s'assombrit et on peut voir l'atmosphère lumineuse qui entoure le Soleil : la couronne.

Taches solaires

Les taches sombres à la surface du Soleil sont les endroits les plus frais de la surface, mais ils restent incroyablement chauds.

Gaz chauds

Le Soleil n'est pas solide. Il est essentiellement composé de deux gaz : l'hydrogène et l'hélium.

Le **Soleil** pourrait contenir environ **1 million** de Terres.

Quiz express

 De quoi est fait
le Soleil ?

 Qu'est-ce qu'une
éclipse solaire totale ?

 Quelle partie du Soleil
est la plus chaude ?

Protubérances

D'énormes filaments
de gaz lumineux sont
éjectés de la surface du
Soleil vers l'espace. Ils
peuvent durer des mois.

Au centre

Le centre, ou noyau,
est la partie la plus
chaude du Soleil.
C'est là que les gaz
produisent de
l'énergie qui met
100 000 ans pour
atteindre la surface
du Soleil.

Surface brûlante

Des bulles de gaz
chaud rendent
la surface du Soleil
granuleuse. Ne regarde
jamais le Soleil ! Sa lumière
si vive abîmerait tes yeux.

La température du noyau du Soleil
atteint 15 millions de degrés.

Qu'est-ce qu'une planète ?

Une planète est un objet sphérique qui gravite autour d'une étoile. Huit planètes gravitent autour du Soleil. Les quatre les plus proches du Soleil sont petites et rocheuses. Les quatre autres sont plus grosses et composées de gaz. Le Soleil et ces huit planètes forment le système solaire.

Quiz express

 Vénus est-elle plus grosse que la Terre ?

 Pourquoi Mars est-elle rouge ?

 Quelle est la force des vents sur Neptune ?

Une journée sur Jupiter

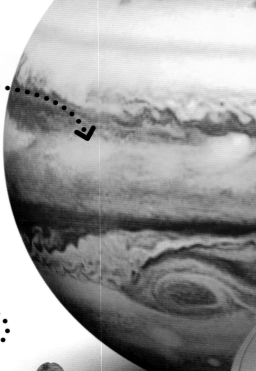

Le Soleil

Étoile au centre du système solaire. Chaque planète gravite autour de lui.

Jupiter, la géante

C'est la plus grosse planète. Elle est plus volumineuse que les sept autres planètes réunies.

Mercure, la petite

C'est la planète la plus petite et la plus proche du Soleil.

Vie sur Terre

C'est là que nous vivons. C'est la seule planète du système solaire où la vie est possible.

En sens inverse

Vénus est un peu plus petite que la Terre. Elle tourne en sens inverse de la plupart des autres planètes.

La planète rouge

La couleur rouge de Mars vient des minerais de fer contenus dans le sol de sa surface.

Tourner autour du Soleil

Chaque planète gravite autour du Soleil sur sa propre orbite. Il faut une année pour effectuer une orbite. Tout en gravitant, les planètes tournent sur elles-mêmes. Il faut une journée pour faire un tour complet.

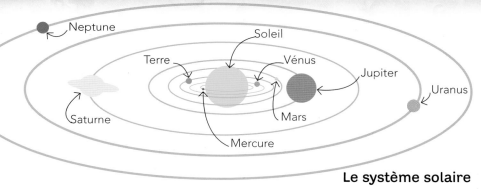

Neptune
Soleil
Terre
Vénus
Jupiter
Uranus
Saturne
Mars
Mercure

Le système solaire

dure 10 heures.

La planète aux anneaux

Saturne est entourée d'anneaux visibles, composés de milliards de morceaux de glace.

Mercure gravite autour du Soleil en **88 jours**, tandis que **Neptune** met **164 années** !

Inclinée vers le Soleil

Uranus a son pôle nord (le haut de la plupart des planètes) incliné de côté.

Neptune, la venteuse

Les vents sur Neptune peuvent être neuf fois plus forts que sur Terre.

Que sont les anneaux de Saturne ?

Les anneaux de Saturne sont composés de milliards de morceaux de glace. Certains sont petits, d'autres de la taille d'une maison. On ignore comment ils se sont formés.

Saturne est environ 750 fois plus grosse que la Terre.

Combien d'anneaux ?

Saturne a 7 anneaux principaux autour d'elle, et au moins 10 anneaux étroits.

Plusieurs lunes

Les scientifiques ont découvert 62 lunes gravitant autour de Saturne, et il pourrait y en avoir plus. La plus grosse est Titan (plus grosse que Mercure).

Autour du centre

Tous les objets des anneaux gravitent autour du centre de la planète (son équateur).

Forme écrasée

Saturne n'est pas parfaitement sphérique. Elle est écrasée en haut et en bas, et gonflée au milieu.

Attention !

Les deux anneaux les plus larges s'appellent A et B (en gris ici) et sont séparés par un espace.

A

B

Un **jour** sur Saturne dure **10 h 30**, et une **année** équivaut à **29 années terrestres**.

Quiz express

 Combien d'anneaux principaux a Saturne ?

 Nomme sa plus grosse lune.

 Nomme ses deux plus larges anneaux.

De quoi est faite la Lune ?

La Lune est un mélange de roches et de métaux. Il y a 4,5 milliards d'années, une petite planète s'écrasa sur Terre. Des morceaux se brisèrent et furent propulsés dans l'espace. En se réunissant de nouveau, ils formèrent la Lune.

Roche solide

Le manteau est la couche qui commence à 50 km en dessous de la surface. Il est surtout constitué de roche solide.

Marcher sur la Lune

En dehors de la Terre, la Lune est le seul endroit où l'homme a marché. De 1969 à 1972, 12 astronautes se sont posés sur la Lune. Ils y ont fait des expériences, pris des photos et rapporté des échantillons de roche. Cette photo montre le tout premier alunissage en 1969.

Croûte et cratères

L'extérieur de la Lune, ou croûte, est composé de roche dure. Sa surface est recouverte de poussière grise très fine et est marquée par des cratères qui se sont formés après la collision d'astéroïdes sur la Lune.

Fer solide

Le noyau interne de la Lune est une énorme boule de fer solide et chaud.

Chaque année, la **Lune** s'éloigne de 4 cm de la Terre.

Fer liquide

Le noyau externe entoure le noyau interne. Il est constitué de fer liquide et chaud.

Manteau en fusion

Le manteau inférieur est en partie fondu : une partie est solide, l'autre liquide.

Quiz express

 Quel est l'âge de la Lune ?

 De quand date le premier alunissage ?

 Le centre de la Lune est liquide ou solide ?

Qu'est-ce qu'une étoile filante?

Une étoile filante est une traînée de lumière rapide dans la nuit et ne dure qu'une seconde. Aussi appelée météore, ce n'est pas une étoile, mais un bloc de roche ou de métal qui brûle dans l'atmosphère de la Terre.

Chaque jour, les météores entrent dans l'atmosphère par millions.

Disparition éclair

La traînée d'un météore disparaît rapidement car celui-ci se déplace très vite (environ 70 km par seconde).

Traînée flamboyante

Une traînée de lumière suit le météore. En se déplaçant, il entre en contact avec le gaz de l'atmosphère et le fait briller.

Météorite de Hoba

Les météores qui atteignent la surface terrestre sont des météorites. La plus grosse météorite intacte pèse 60 tonnes; elle a été découverte à la ferme de Hoba West, en Namibie, Afrique.

Quiz express

 Donne un synonyme d'étoile filante.

 Combien pèse la météorite de Hoba ?

 Quelle est la matière des météores ?

Les étoiles filantes très brillantes sont des **boules de feu.**

Fragment d'espace
La plupart des météores sont très petits. Leur taille varie de celle d'un caillou à celle d'un grain de sable.

Quelle est la vitesse des fusées ?

Les fusées doivent aller incroyablement vite pour rejoindre l'espace. Autrement, la gravité de la Terre les ferait retomber. La puissante fusée Ariane 5 a atteint 37 476 km/h, soit presque 10,5 km par seconde.

Lancement de satellites

Ariane 5 transporte des satellites dans l'espace. Ceux-ci gravitent autour de la Terre et servent pour Internet, la télévision ou le téléphone.

Carburant

Un gros réservoir stocke le carburant et alimente le moteur au-dessous.

Une fusée peut aller au minimum **30 fois plus vite** qu'un avion de ligne.

Plus puissante

D'autres moteurs, les propulseurs à poudre, donnent plus de puissance à la fusée. Une fois leur travail effectué, ils se détachent et tombent en mer.

Lancement

Deux carburants sont mélangés dans le moteur. Cela crée une grande explosion, qui propulse la fusée dans le ciel.

Le moteur

Il propulse la fusée pendant les 10 premières minutes de son vol.

Quiz express

 Quelle est la vitesse d'Ariane 5 ?

Que transporte-t-elle dans l'espace ?

À quoi servent les propulseurs à poudre ?

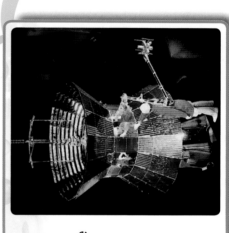

Record de vitesse

En 1976, les sondes spatiales Helios 1 et 2 ont atteint la vitesse de 253 000 km/h, soit 70 km par seconde. C'est comme si tu voyageais de Paris à Montréal en 1 minute et demie! Ce record n'a jamais été battu.

Pourrait-on vivre sur la Lune ?

Sans air, nourriture et eau, il serait très difficile de vivre sur la Lune. Quand, il y a plus de 45 ans, les astronautes ont foulé le sol lunaire pour la première fois, ils portaient déjà des combinaisons spéciales.

Mains au chaud

Les gants des astronautes sont chauffés au niveau des doigts car il peut faire très froid sur la Lune.

Camp lunaire

Certains pensent que d'ici 20 ans, nous pourrions vivre sur la Lune, peut-être dans une base ressemblant à celle ci-dessous, qui serait approvisionnée en air, eau et nourriture.

Trous profonds

Des trous sont percés pour déterrer des échantillons de roche.

Bottes

Elles doivent résister à la surface rocheuse de la Lune, qui peut être brûlante.

Oxygène

Les astronautes transportent de l'oxygène dans leurs sacs à dos, qui circule vers leur casque pour leur permettre de respirer.

Il faut **plus d'une heure** pour enfiler une **combinaison spatiale.**

Visière

En plus de les aider à respirer, le casque protège les astronautes de la lumière aveuglante du Soleil.

Refroidissement

De l'eau circule dans les tubes de la combinaison, sous le tissu, pour éviter aux astronautes d'avoir trop chaud.

Pressurisation

La combinaison serrée en caoutchouc est un vêtement pressurisé doté d'articulations pour mieux bouger.

Quiz express

 Pourquoi les bottes étaient résistantes ?

 Comment un astronaute respire-t-il ?

 La combinaison s'enfile-t-elle facilement ?

Y a-t-il de la vie sur Mars ?

Aucune vie n'a été trouvée sur Mars, mais cela ne signifie pas qu'il n'y en a jamais eu. Le robot Curiosity est parti étudier la planète pour découvrir si elle était plus chaude et plus humide dans le passé.

Envoi de signaux
Curiosity a trois antennes qui permettent aux scientifiques sur Terre de communiquer avec le robot.

La vitesse maximum de Curiosity est de **180 mètres par heure**. La vitesse d'une tortue !

Photographies

Curiosity a 17 caméras afin que les scientifiques sur Terre puissent voir tout ce qu'il voit. Il a aussi un laser qui peut transformer les roches en poussière pour étudier leur composition.

Il a fallu 8 mois à Curiosity pour atteindre Mars.

Grand travailleur

Sa main robotique est pourvue de nombreux outils. Ici, elle gratte la roche de surface.

En action

Le rover a six roues solides qui l'aident à se déplacer sur la surface bosselée.

Quiz express

 A-t-on trouvé de la vie sur Mars ?

 À quoi servent les antennes de Curiosity ?

 Combien de caméras possède Curiosity ?

La
Terre

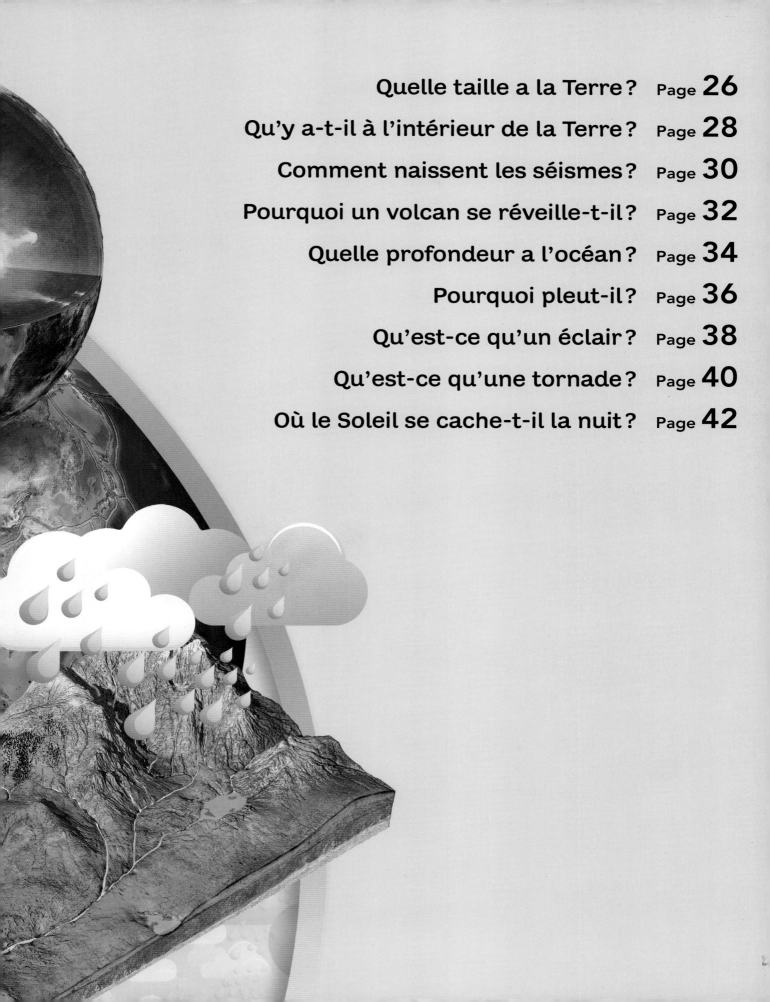

Quelle taille a la Terre ?

La Terre est un globe (une boule) dont le centre se nomme l'équateur. Si tu marchais le long de l'équateur, il te faudrait un an pour parcourir sa largeur totale de 40075 km.

L'Asie est le plus gros continent. Environ **deux tiers de la population** mondiale y vit.

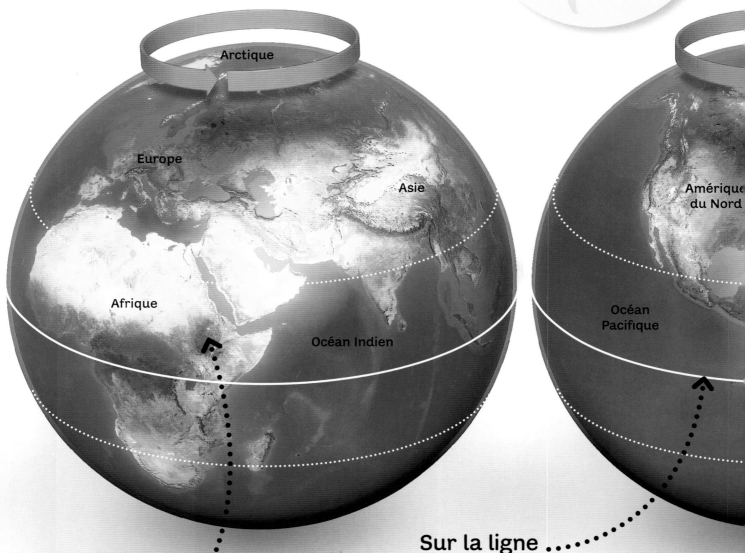

Arctique

Europe

Asie

Afrique

Océan Indien

Amérique du Nord

Océan Pacifique

5 ou 6 continents ?

On distingue généralement 5 continents : l'Afrique, l'Amérique, l'Europe, l'Asie et l'Océanie. Mais il faudrait ajouter l'Antarctique et parler plutôt d'Eurasie, car l'Europe et l'Asie sont attachées.

Sur la ligne

L'équateur est une ligne imaginaire qui fait le tour du centre du globe. Il divise la planète en deux : l'hémisphère nord au-dessus de l'équateur et l'hémisphère sud en dessous.

Du continent au pays

Les continents sont de vastes étendues de terre. La plupart se divisent en pays (sauf l'Antarctique). Les pays peuvent être grands ou petits, comme sur cette carte d'Amérique du Sud, où chaque pays est représenté par une couleur.

Pays d'Amérique du Sud

Quiz express

 Donne la largeur du centre de la Terre.

 Nomme les continents.

 Fait-il froid aux tropiques?

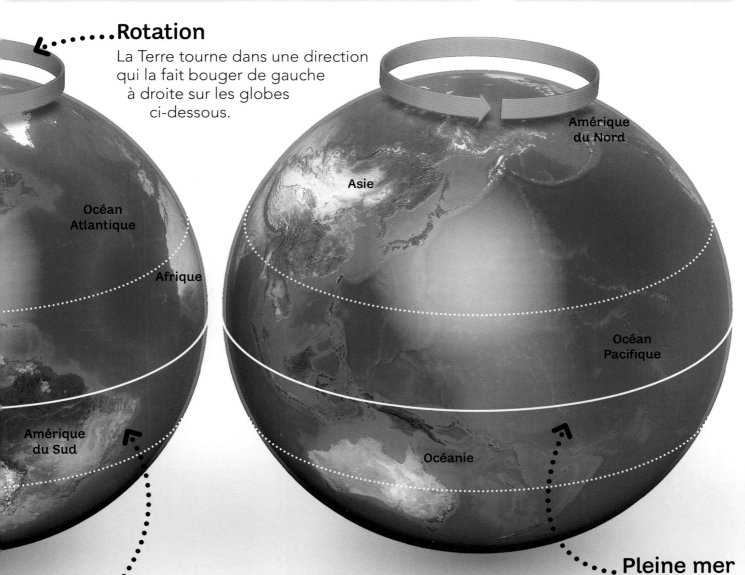

Rotation

La Terre tourne dans une direction qui la fait bouger de gauche à droite sur les globes ci-dessous.

Amérique du Nord

Asie

Océan Atlantique

Afrique

Océan Pacifique

Amérique du Sud

Océanie

Tropiques

Les zones de chaque côté de l'équateur, jusqu'aux lignes pointillées, sont les tropiques. Ils ont deux saisons (des pluies et sèche) mais restent chauds toute l'année.

Pleine mer

Près des trois quarts de la Terre sont recouverts d'eaux libres profondes appelées océan. L'océan se divise en cinq grandes zones : Pacifique, Atlantique, Indien, Arctique et Antarctique, qui est en bas du globe.

À l'extérieur

La Terre est entourée de couches de gaz, l'atmosphère. Elle protège la planète des rayons du soleil et nous donne l'air, essentiel pour respirer.

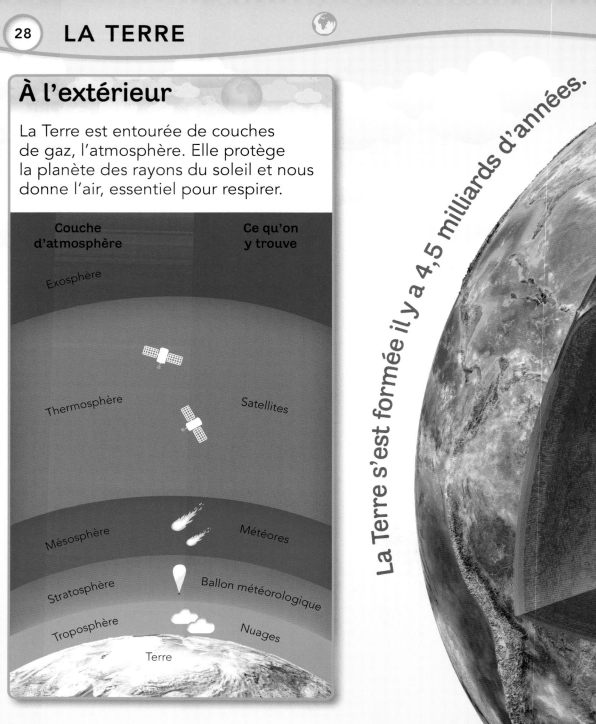

Couche d'atmosphère	Ce qu'on y trouve
Exosphère	
Thermosphère	Satellites
Mésosphère	Météores
Stratosphère	Ballon météorologique
Troposphère	Nuages
Terre	

La Terre s'est formée il y a 4,5 milliards d'années.

Qu'y a-t-il à l'intérieur de la Terre ?

La Terre est une boule rocheuse géante tournant dans l'espace. Nous vivons sur la couche externe, la croûte. Au-dessous, se trouve le manteau qui lui-même recouvre le noyau central.

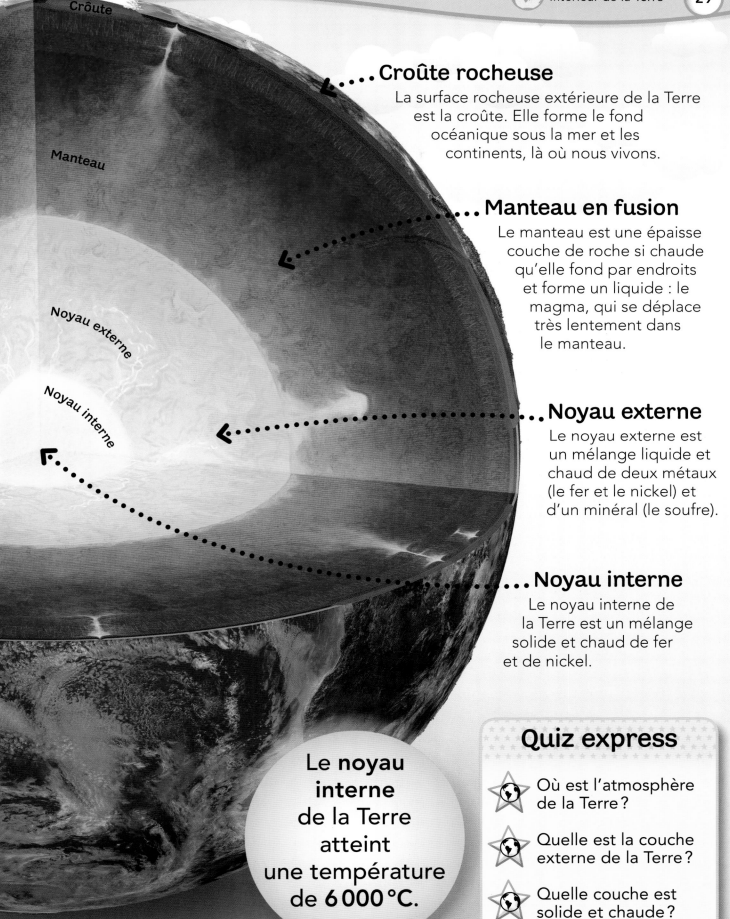

Crôute

Manteau

Noyau externe

Noyau interne

Crôute

Croûte rocheuse

La surface rocheuse extérieure de la Terre est la croûte. Elle forme le fond océanique sous la mer et les continents, là où nous vivons.

Manteau en fusion

Le manteau est une épaisse couche de roche si chaude qu'elle fond par endroits et forme un liquide : le magma, qui se déplace très lentement dans le manteau.

Noyau externe

Le noyau externe est un mélange liquide et chaud de deux métaux (le fer et le nickel) et d'un minéral (le soufre).

Noyau interne

Le noyau interne de la Terre est un mélange solide et chaud de fer et de nickel.

Le **noyau interne** de la Terre atteint une température de 6 000 °C.

Quiz express

Où est l'atmosphère de la Terre ?

Quelle est la couche externe de la Terre ?

Quelle couche est solide et chaude ?

Comment naissent les séismes ?

La croûte terrestre ressemble à un puzzle géant composé de morceaux appelés plaques. Ces plaques ne cessent de bouger très lentement. Quand deux plaques s'entrechoquent, la pression peut causer des séismes en faisant trembler le sol.

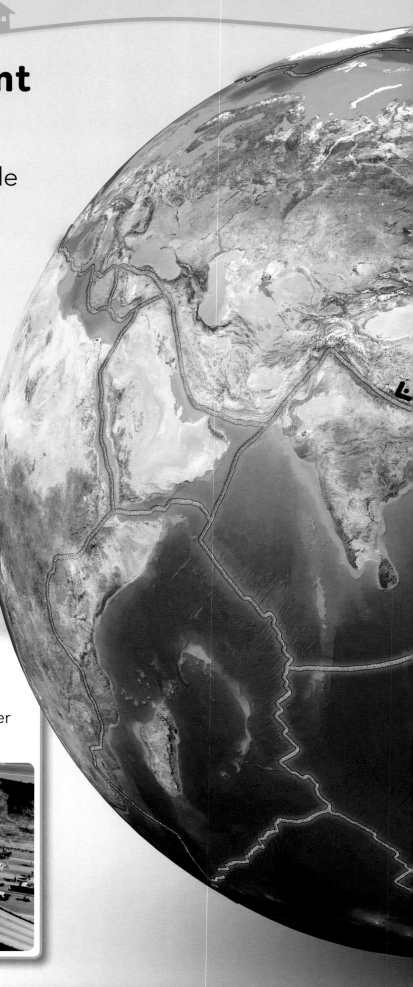

Magnitude du séisme

Les séismes sont mesurés d'après l'échelle de Richter. Faibles en dessous de 3,5 sur l'échelle ; au-dessus de 7, ils sont assez puissants pour faire s'effondrer les bâtiments, les routes et les ponts.

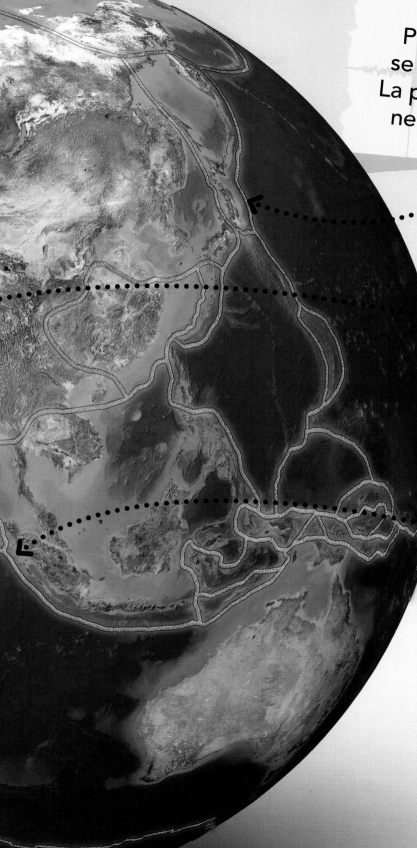

Plus d'**1 million** de séismes se produisent chaque année. La plupart sont si faibles qu'on ne les remarque même pas !

Séisme du Pacifique

En 2011, un très fort séisme s'est produit au Japon. Il est parti de l'océan Pacifique, où une plaque est passée sous une autre.

Montagnes

L'Himalaya est né quand deux plaques se sont entrechoquées. Le sol s'est soulevé, formant d'immenses montagnes. Ces plaques bougent toujours l'une contre l'autre, causant des séismes fréquents dans la région.

Vagues géantes

En 2004, un séisme sous l'océan Indien a causé un tsunami, une énorme vague. Les vagues ont déferlé sur le rivage et provoqué des destructions dans 14 pays.

Quiz express

 Quelle est la cause d'un séisme ?

 D'après quoi mesure-t-on un séisme ?

 Combien y a-t-il de séismes par an ?

Pourquoi un volcan se réveille-t-il?

Un volcan peut entrer en éruption quand une pression très profonde fait remonter de la roche chaude et liquide (le magma) à la surface de la Terre. Des nuages de cendre et de la roche fondue sont projetés dans l'atmosphère.

Chemin de sortie
Le magma remonte le long d'une cheminée très profonde dans la croûte terrestre avant d'être éjecté au-dehors.

Piégé sous terre
Des réservoirs de magma se forment en profondeur. Cette roche chaude et liquide vient de l'intérieur de la Terre.

Quiz express

 D'où vient le magma?

 Pourquoi un volcan est souvent en cône?

 Combien d'éruptions y a-t-il par an?

Nuages de cendres

D'épais nuages de cendres brûlantes sont projetés à plusieurs kilomètres dans l'atmosphère.

Rivières de feu

Un volcan en éruption peut produire des jets de lave ardente qui coulent sur ses flancs, brûlant tout sur leur passage. Quand une éruption s'échappe du haut du volcan, la lave peut aussi former un lac dans son cratère.

Coulées de lave

À la surface de la Terre, le magma s'appelle de la lave et coule sur les flancs du volcan. La lave refroidit par couches, avec souvent de la cendre entre elles, ce qui donne sa forme de cône au volcan.

La température de la lave est très chaude (1 000 °C).

De **50 à 70 volcans** entrent en éruption chaque année ; **20 volcans** sont actifs en ce moment.

Quiz express

- Qu'est-ce qu'une fosse océanique?
- Pourquoi la vie est rare dans les profondeurs?
- Comment atteint-on le fond océanique?

Quelle profondeur a l'océan ?

L'endroit le plus profond de l'océan est à 11 km sous l'eau. Comme sur la terre ferme, le fond océanique a des montagnes et des vallées. Les endroits les plus profonds sont des fosses. La vie est rare dans ces profondeurs froides et sombres, mais bien plus abondante dans les zones proches de la surface.

0 m   200 m   1 000 m

Coraux

Maquereau

Éponges

Étoile de mer

Méduse

Requin brisant

Cténo

Éponge

Algues

Plongeur

Requin-baleine

Thon

Cachalot

Calamar

Mer éclairée

La zone supérieure est la zone euphotique : le soleil atteint 200 m sous l'eau claire et bleue. C'est là que l'on trouve la plupart de la vie marine en raison de l'abondance de nourriture. Les plongeurs peuvent descendre jusqu'à 50 m sans danger.

Mer crépusculaire

Le niveau suivant, qui descend jusqu'à 1 000 m, s'appelle la zone crépusculaire. Il y a moins de poissons et de créatures marines dans ces eaux plus sombres et froides.

Eaux sombres

La zone sombre s'étend de 1 000 à 4 000 m. Seuls les poissons et créatures des grands fonds peuvent survivre dans ces eaux froides, où il y a moins de chance de trouver de la nourriture.

4 000 m   11 000 m

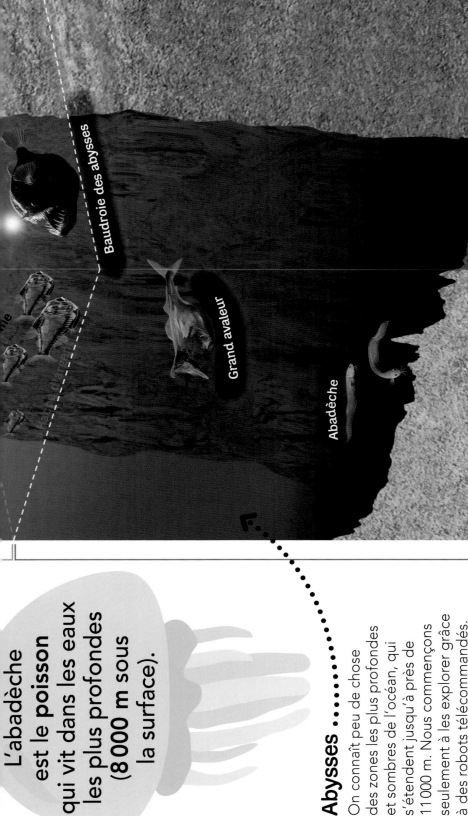

Baudroie des abysses

Grand avaleur

Abadèche

Robot sous-marin

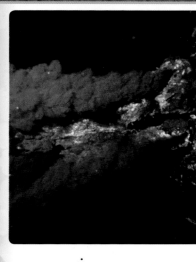

L'abadèche est le **poisson** qui vit dans les eaux les plus profondes (**8 000 m sous la surface**).

Abysses

On connaît peu de chose des zones les plus profondes et sombres de l'océan, qui s'étendent jusqu'à près de 11 000 m. Nous commençons seulement à les explorer grâce à des robots télécommandés.

Cheminées sous-marines

De l'eau chauffée par des roches chaudes jaillit du fond marin par de larges fentes dans la croûte terrestre. Ces jets ressemblent à de la fumée à cause des grains de minéraux qui s'empilent et durcissent rapidement en formant des cheminées de 60 m de haut.

Pourquoi pleut-il ?

Les nuages du ciel sont composés de petites gouttes d'eau, qui s'élèvent dans les airs quand le soleil réchauffe la mer. Ces gouttes deviennent plus grosses et plus lourdes, puis tombent sous forme de pluie. L'eau rejoint les fleuves, qui coulent de la terre vers la mer. Ce voyage sans fin s'appelle le cycle de l'eau.

2 Condensation

Le vent souffle les nuages vers la terre. Au contact de l'air plus froid, les gouttelettes d'eau se réunissent pour former des gouttes de pluie plus grosses et lourdes.

1 Évaporation

Le soleil réchauffe la mer et transforme l'eau en vapeur d'eau qui s'élève dans l'air. La vapeur d'eau chaude se refroidit en formant des millions de gouttes d'eau, qui donnent les nuages.

3 Neige et pluie

Quand les gouttes d'eau deviennent trop grosses et lourdes, elles tombent sous forme de pluie. L'air froid en haute montagne gèle souvent l'eau, qui tombe alors sous forme de grêle ou de neige.

Une goutte de pluie tombe à une vitesse de 8 à 35 km/h.

Quiz express

Que se passe-t-il quand un nuage refroidit?

Où la neige tombe-t-elle le plus souvent?

Comment la pluie retourne à la mer?

4 Ruissellement

L'eau rejoint les ruisseaux et fleuves, qui descendent vers un niveau inférieur. Certains fleuves se jettent dans des lacs. D'autres ramènent l'eau à la mer, où le cycle recommence.

Qu'est-ce qu'un éclair ?

Un éclair est une vive lueur d'électricité produite par de puissants orages. Cela a lieu quand les gouttes de pluie se transforment en glace dans les nuages et s'entrechoquent, en créant de l'électricité. Quand cette électricité s'accumule, elle est libérée sous forme d'étincelles géantes : les éclairs.

Orages géants

Les orages sont composés de plusieurs nuages orageux réunis. Ils peuvent s'étendre sur 30 km de large.

Lueur bruyante

Un éclair est brûlant. Il réchauffe l'air, qui se dilate très rapidement et produit un coup de tonnerre bruyant. On voit l'éclair avant d'entendre le tonnerre, car la lumière voyage plus vite que le son.

Les éclairs sont très chauds (30 000 °C), soit 5 fois plus chauds que la surface du Soleil.

Branches effrayantes

Un éclair ramifié désigne un éclair qui apparaît sous forme de lignes de lumière en zigzag divisées en plusieurs branches.

Foudroiements

Un éclair nuage-sol frappe les grands objets (exemples : arbres et bâtiments). Le puissant courant électrique peut causer de grands dégâts et des incendies.

Un foudroiement dure une fraction de seconde.

Quiz express

 Quelle température un éclair atteint-il ?

 Pourquoi un éclair produit du tonnerre ?

 Qu'est-ce qu'un éclair en nappe ?

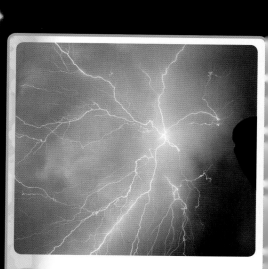

Nuages étincelants

Tous les foudroiements n'atteignent pas le sol. Un éclair nuage-nuage se produit quand de grandes étincelles d'électricité sautent dans le ciel d'un nuage orageux à un autre. Ces grands éclairs sont des éclairs en nappes.

Qu'est-ce qu'une tornade ?

Les tornades sont de puissants vents tourbillonnants qui se forment parfois sous un nuage orageux. En touchant la terre, elles balaient le sol et sèment la destruction derrière elles. Une tornade peut durer quelques secondes comme plus d'une heure.

2 Air qui tourne

Quand l'air chaud rencontre l'air froid et tourbillonnant en haut du nuage, il commence à tourner, entraînant bientôt avec lui l'air du bas.

Tourbillon d'eau

Une masse d'air tourbillonnante survolant des mers chaudes et peu profondes aspire l'eau dans un entonnoir d'air appelé trombe marine. Bien qu'étant plus faible qu'une tornade, une trombe marine peut durer plus longtemps.

3 Colonne

Toujours plus d'air est aspiré et la tornade grandissante tourne encore plus vite. Elle forme ensuite une colonne de nuage tourbillonnant qui atteint le sol.

1 Temps orageux

De sombres et violents nuages orageux se forment là où de l'air chaud et humide remontant de terre rencontre de l'air froid et sec dans le ciel.

Chaque année, près de **1 000 tornades** touchent les États-Unis, surtout dans une zone appelée **Allée des tornades.**

ne tornade peut souffler jusqu'à 320 km/h.

4 Soulevés!

es puissants vents tourbillonnants spirent et détruisent tout sur eur passage. Une tornade peut oulever des arbres, bâtiments t voitures et les rejeter es kilomètres plus loin.

Quiz express

 Combien de temps dure une tornade?

 Qu'est-ce qu'une trombe marine?

 À quelle vitesse souffle une tornade?

Où le Soleil se cache-t-il la nuit ?

Le Soleil ne se cache nulle part : il disparaît uniquement car nous vivons sur une planète qui ne cesse de tourner. Tous les soirs, une moitié de la planète tourne le dos au Soleil et se trouve plongée dans l'obscurité. La Terre continue de tourner pendant la nuit. Le jour revient quand la moitié obscure est de nouveau face au Soleil.

Lumière constante

Au centre du système solaire, le Soleil est l'étoile la plus proche de nous. Ses rayons réchauffent et éclairent sans cesse notre planète, ce qui est essentiel à toute vie.

Lumière du jour

Cette moitié de la Terre est face au Soleil. Il y fait donc jour et le Soleil peut être vu dans le ciel.

Rotation

La Terre tourne d'ouest en est, ou de gauche à droite dans ce livre. Quand cette partie ira à droite (est), le Soleil se couchera et la nuit commencera.

Quiz express

 Nomme l'étoile la plus proche de nous.

 Quand fait-il jour sur Terre ?

 Pourquoi la Lune brille dans le ciel ?

Nuits noires

Cette moitié de la planète tourne le dos au Soleil et est dans l'ombre. Il y fait donc noir. Les gens ont allumé les lumières dans les villes pour pouvoir se déplacer en toute sécurité dans le noir.

On ne le sent pas, mais **la Terre tourne** à la vitesse de 1 675 km/h, soit **28 km** par minute.

La Terre met 24 heures pour faire un tour.

Clair de lune

La Lune est une boule de roche sans lumière propre. Elle brille car elle reflète la lumière du Soleil, même la nuit.

Le monde vivant

Les plantes vivent-elles?

Comme les animaux, les plantes sont des êtres vivants : elles poussent, se reproduisent et meurent. Elles sont l'un des cinq grands groupes, ou règnes, d'êtres vivants au monde.

Pins maritimes

Les plus petits

Petites, les bactéries ne se voient qu'au microscope. Elles se composent d'une seule cellule, les petits éléments constituant tout être vivant. L'homme a des billions de cellules.

Amanite tue-mouche

Hygrophore

Protistes

Bactéries

Hypholome

Oreille-de-lièvre

Lichen

Pilophore aciculaire

Unicellulaires

D'autres petits êtres vivants sont dans l'eau ou le sol. Certains produisent de la nourriture, d'autres l'absorbent.

Mycètes

Les champignons font partie du groupe des mycètes. Ils mangent des plantes et des animaux morts.

Éléphant d'Asie

Pygargue vocifer

Crocodile marin

Poisson-perroquet

Fougère arborescente

Mygale mangeuse d'oiseaux

Grande marguerite

Animaux

Les animaux mangent d'autres êtres vivants pour avoir de l'énergie. Qu'ils courent, rampent, nagent ou volent, la plupart doivent se déplacer pour trouver de la nourriture.

Plantes

Presque toutes les plantes restent enracinées au même endroit. La plupart utilisent le soleil, l'eau, l'air et leurs feuilles vertes pour produire leur propre nourriture.

Il y a près de **289 000** espèces **végétales** dans le monde.

Quiz express

⭐ Combien de cellules a une bactérie ?

⭐ Comment une plante produit sa nourriture ?

⭐ Que mange un animal pour avoir de l'énergie ?

Pourquoi les feuilles sont vertes ?

Une feuille est verte car elle contient un pigment vert, la chlorophylle. La plante l'utilise pour absorber la lumière du soleil afin de produire sa nourriture.
Ce processus, appelé photosynthèse, se produit le jour, grâce au soleil.

Lumière du soleil

Lumière du soleil

Dioxide de carbone

1 CO₂ absorbé

Le jour, les feuilles absorbent le dioxyde de carbone (CO₂) de l'air, l'eau aux racines de l'arbre et la lumière du soleil et les mélangent pour créer du sucre et de l'oxygène.

Oxygène

2 Oxygène rejeté

N'en ayant pas besoin, les feuilles rejettent l'oxygène qu'elles ont créé et stockent le sucre pour se nourrir.

Quiz express

 Qu'est-ce que la photosynthèse ?

 Qu'absorbent les racines d'un arbre ?

 Pourquoi un arbre absorbe de l'oxygène ?

Extension

Les racines d'un arbre peuvent descendre ou s'étendre très loin pour recueillir l'eau.

Perte d'eau

Une feuille a de petits trous, les stomates. Ils s'ouvrent pour faire entrer et sortir les gaz. L'eau s'échappe en vapeur d'eau. Plus d'eau coule vers la feuille pour remplacer cette vapeur. Cela permet à l'eau d'irriguer toute la plante.

Stomates

Cellule

Vapeur d'eau

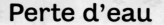

Oxygène

3 Oxygène absorbé

Les plantes absorbent de l'oxygène la nuit : il transforme la nourriture créée le jour en énergie.

4 CO₂ rejeté

La nuit, n'en ayant pas besoin pour créer de la nourriture, les plantes rejettent le CO_2.

Dioxide de carbone

Racines remplies d'eau

Les arbres absorbent l'eau du sol par leurs racines. L'eau remonte le tronc jusqu'aux branches et aux feuilles.

Les plantes produisent une sorte de **sucre** appelé **glucose**.

À quoi servent les fleurs ?

Les fleurs d'une plante l'aident à se reproduire. Elles attirent les insectes, certains oiseaux et chauve-souris qui transportent une poussière granuleuse, le pollen, d'une fleur à une autre. Les fleurs l'utilisent pour créer des graines.

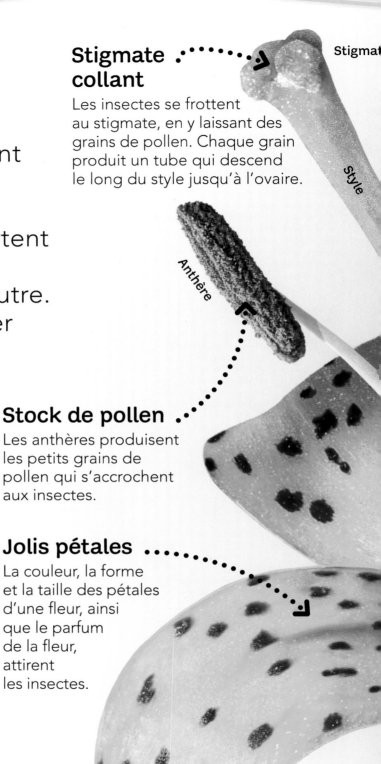

Stigmate collant

Les insectes se frottent au stigmate, en y laissant des grains de pollen. Chaque grain produit un tube qui descend le long du style jusqu'à l'ovaire.

Stigmate

Style

Anthère

Stock de pollen

Les anthères produisent les petits grains de pollen qui s'accrochent aux insectes.

Jolis pétales

La couleur, la forme et la taille des pétales d'une fleur, ainsi que le parfum de la fleur, attirent les insectes.

Dispersion des graines

Une plante doit disperser ses graines pour faire pousser de nouvelles plantes. Les graines sont souvent dans un fruit. Les animaux le mangent et répandent ces graines dans leurs fientes. D'autres fleurs (tels les pissenlits) ont des graines très légères qui sont emportées par le vent.

Anthère

Anthère

Butinage

Les abeilles visitent les fleurs pour boire le nectar et récolter le pollen. Au contact de la fleur, des grains de pollen sur les anthères s'accrochent à leur corps et pattes. En visitant d'autres fleurs, ce pollen se dépose sur les stigmates.

Pollen

Sucré

Le nectar est produit au fond de la fleur. Les insectes s'y glissent pour atteindre le liquide sucré et mielleux.

La maca est une plante d'Amérique du Sud qui fleurit au bout de 80 à 150 ans, puis meurt.

Ovaire

Dans la fleur

L'ovaire contient les œufs de la plante. Le pollen sur le stigmate descend le long du style pour se déposer sur les œufs et donner des graines.

Quiz express

 Quelle partie de la fleur produit le pollen ?

 Pourquoi les insectes visitent les fleurs ?

 Où est produit le nectar ?

Combien d'espèces d'animaux vivent sur Terre ?

Plusieurs dizaines de millions d'animaux vivent dans le monde ; c'est beaucoup trop pour pouvoir les compter ! Les scientifiques estiment à près de 8,7 millions les espèces différentes d'animaux sur la planète. Les espèces de mêmes caractéristiques sont classées en plusieurs groupes.

Émeu

Tortue géante

Caméléon

Cécilie

Grand dauphin

Girafe

Ara

Chouette

Crocodile

Lion

Paon

Manchot royal

Iguane ve

Cygne

Lièvre

Ibis rouge

Aigle à t blanc

Loup gris

Oisea

Chimpanzé

Kangourou roux

Mammifères

Mammifères

La plupart d'entre eux sont vivipares et ils allaitent tous leurs petits.

Oiseau

Ils ont des plume et la plupart voler grâce à leurs ailes Ils font des petit en pondant des œufs

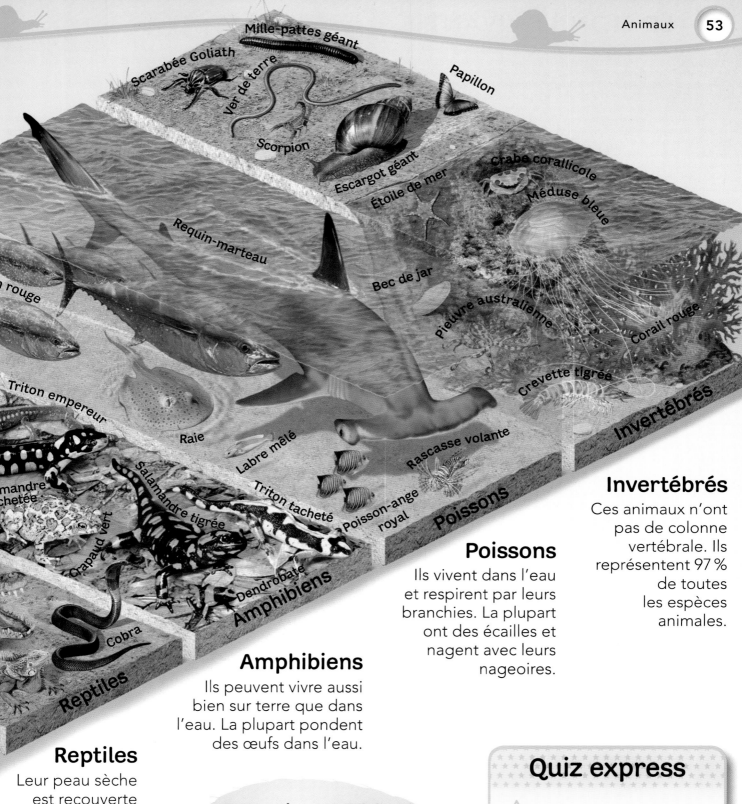

Scarabée Goliath

Mille-pattes géant

Ver de terre

Papillon

Scorpion

Escargot géant

Étoile de mer

crabe corallicole

Méduse bleue

Requin-marteau

Bec de jar

Pieuvre australienne

Corail rouge

rouge

Crevette tigrée

Invertébrés

Triton empereur

Raie

Labre mêlé

Rascasse volante

mandre
chetée

Salamandre tigrée

Triton tacheté

Poisson-ange
royal

Poissons

Crapaud vert

Dendrobate

Amphibiens

Cobra

Reptiles

Invertébrés

Ces animaux n'ont pas de colonne vertébrale. Ils représentent 97 % de toutes les espèces animales.

Poissons

Ils vivent dans l'eau et respirent par leurs branchies. La plupart ont des écailles et nagent avec leurs nageoires.

Amphibiens

Ils peuvent vivre aussi bien sur terre que dans l'eau. La plupart pondent des œufs dans l'eau.

Reptiles

Leur peau sèche est recouverte d'écailles imperméables ou de plaques alleuses. La plupart font des petits en pondant des œufs.

Près de **14 500 nouvelles espèces animales** ont été découvertes en 2011.

Quiz express

 Quels animaux allaitent leurs petits ?

 Comment les reptiles font-ils des petits ?

 Où vivent les amphibiens ?

Pourquoi le lion a une fourrure ?

Les lions sont des mammifères.
Ces animaux ont des poils
sur le corps pour les
protéger du froid.
Certains
mammifères,
comme les êtres
humains, sont
moins poilus,
mais la plupart
ont un pelage
sur tout le corps.

Un lionceau reste avec sa mère jusqu'à l'âge de 30 mois.

Quiz express

 Quels animaux ont un pelage ?

 Que donne la lionne à manger à ses petits ?

 Comment le lion se dissimule-t-il ?

D'étranges mammifères

Il existe près de 5 000 espèces de mammifères. Chez certains, les petits ne sont pas complètement développés à la naissance.

Ornithorynque
Ce mammifère pond des œufs. Quand ils éclosent, les petits sont allaités.

Kangourou
Ses petits grandissent dans une poche ventrale. Ils sont allaités jusqu'à ce qu'ils soient assez forts pour vivre hors de la poche.

Dents acérées

Les lions et autres mammifères carnivores ont des dents pointues pour saisir et tuer leurs proies, et acérées pour couper la viande.

Difficiles à repérer

Leur pelage couleur sable se fond dans l'herbe sèche. Cela les aide à s'approcher silencieusement de leur proie. Les lionnes chassent ensemble pour traquer les animaux comme les zèbres.

Seuls les **mâles** ont une épaisse **crinière**.

Une famille à élever

Les lionnes, comme la plupart des mammifères, sont vivipares et produisent du lait pour allaiter leurs petits. Ces lionceaux boiront le lait des tétines de leur mère pendant les premiers mois de leur vie.

Comment l'oiseau vole-t-il ?

Un oiseau vole en battant des ailes. Son corps est idéal pour voler, car il est léger et conçu pour fendre l'air. Le martin-pêcheur peut flotter dans les airs en battant très vite des ailes, tandis que d'autres oiseaux planent en déployant leurs ailes au maximum.

Les oiseaux sont les seuls animaux vivants à plumes.

Ailes à plumes

Les grandes plumes des ailes (les rémiges) du martin-pêcheur l'aident à voler. En battant des ailes, l'oiseau s'appuie sur l'air pour avancer et monter.

Le minuscule **colibri-abeille** a les battements d'ailes les plus rapides **(80 par seconde).**

Muscles puissants

Les grands muscles de sa poitrine fournissent la force nécessaire aux battements de ses ailes en vol.

Quiz express

 Quelles plumes servent à voler ?

 Quels muscles actionnent les ailes ?

 Pourquoi ses os sont-ils légers ?

Soutien osseux

Les bouts des petits os sur les ailes du martin-pêcheur sont collés pour être plus solides.

Ailes pliantes

Le martin-pêcheur utilise les muscles de ses ailes pour plier ses ailes ou modifier leur forme. Cela l'aide à changer de direction en vol.

Forme lisse

La couche supérieure de petites plumes donne à l'oiseau sa forme lisse.

Os légers

Voler demande beaucoup d'énergie, mais les oiseaux sont avantagés par leur corps léger. Leurs os ont de solides soutiens pour ne pas se casser, et les plus gros sont creux pour plus de légèreté.

Espaces creux dans l'os pour être léger.

Soutiens qui renforcent l'os.

Plumes de la queue

Elles peuvent se déployer pour faire ralentir l'oiseau à l'atterrissage.

Les serpents sont-ils vénéneux?

Ils ne sont pas vénéneux, mais venimeux (les manger ne tue pas, mais ils peuvent tuer leurs proies en les mordant et en leur injectant du venin, un poison). Mais ils ne tuent pas tous avec du venin. Certains, comme le grand anaconda vert, s'enroulent autour de leur victime et la serrent jusqu'à la mort.

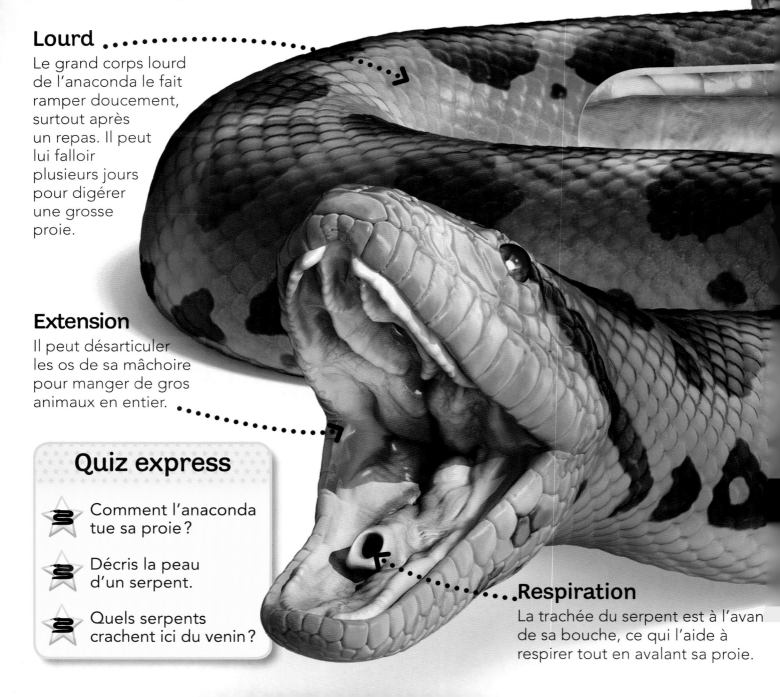

Lourd

Le grand corps lourd de l'anaconda le fait ramper doucement, surtout après un repas. Il peut lui falloir plusieurs jours pour digérer une grosse proie.

Extension

Il peut désarticuler les os de sa mâchoire pour manger de gros animaux en entier.

Respiration

La trachée du serpent est à l'avant de sa bouche, ce qui l'aide à respirer tout en avalant sa proie.

Quiz express

⭐ Comment l'anaconda tue sa proie?

⭐ Décris la peau d'un serpent.

⭐ Quels serpents crachent ici du venin?

Peau couverte d'écailles

Tous les serpents ont une peau sèche couverte d'écailles pour les aider à glisser au sol et à grimper aux arbres.

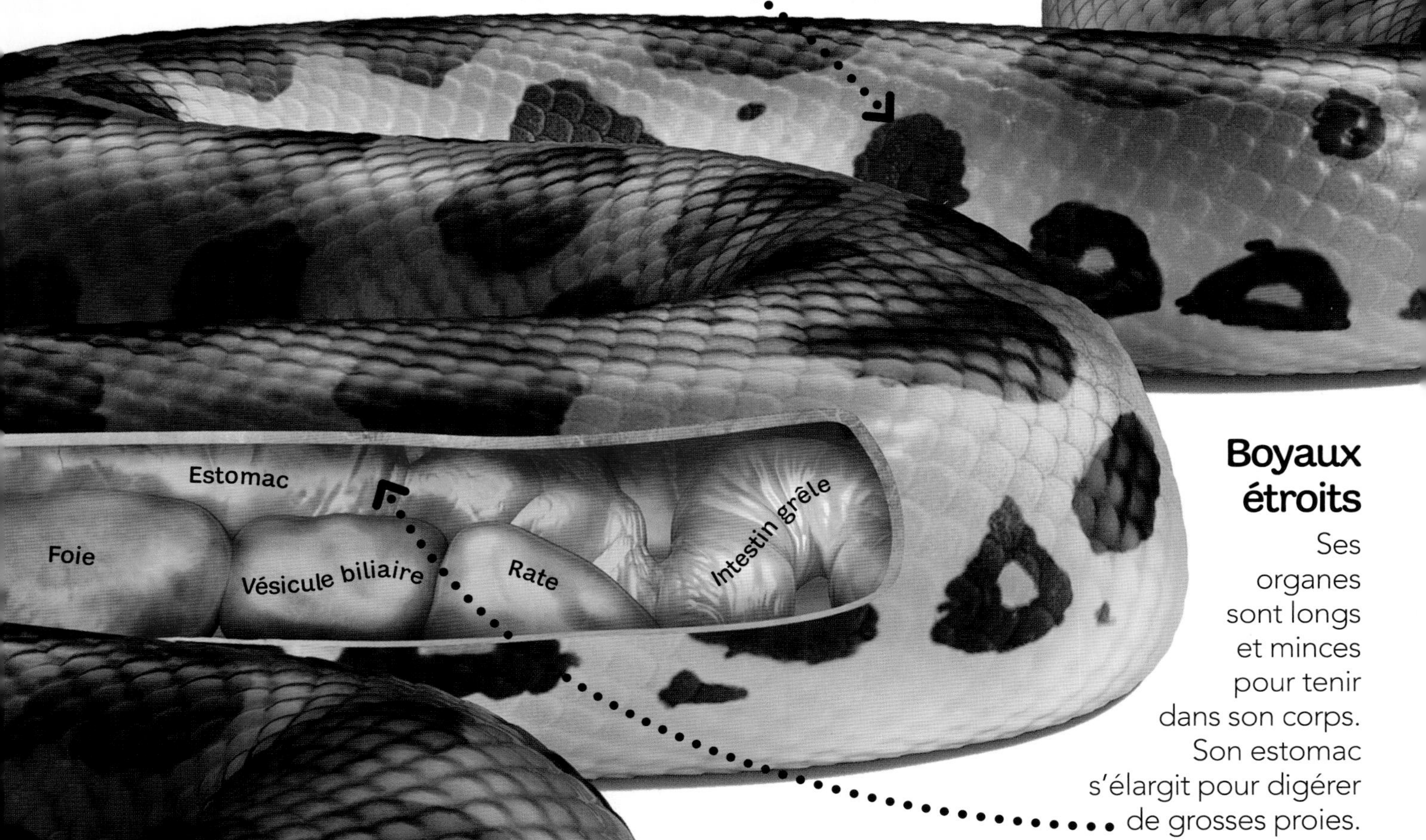

Estomac

Foie

Vésicule biliaire

Rate

Intestin grêle

Boyaux étroits

Ses organes sont longs et minces pour tenir dans son corps. Son estomac s'élargit pour digérer de grosses proies.

Serpents cracheurs

Beaucoup de serpents tuent leurs proies en les mordant de leurs crochets venimeux. Certains cobras crachent du venin jusqu'à 3 m pour faire fuir leurs ennemis.

Une **morsure** du taïpan du désert contient assez de venin pour tuer 100 personnes.

Comment le têtard devient-il grenouille?

Les têtards sortent des œufs de grenouille pondus dans l'eau. En grandissant, ils changent lentement de forme. Des pattes leur poussent et ils perdent leur queue en se transformant en jeunes grenouilles pouvant vivre sur terre. Ce changement s'appelle la métamorphose.

La grenouille géante est **la plus grosse** au monde (jusqu'à **32 cm de long**).

1. Œufs en éclosion

Les femelles pondent des œufs gélatineux, le frai, dans les étangs et les rivières. De ces œufs sortent de petits têtards qui nagent.

2. Vie dans l'eau

Les têtards passent leurs premières semaines dans l'eau. Ils nagent avec leur longue queue et respirent par leurs branchies, comme les poissons.

3. Pattes

Après deux mois, deux pattes postérieures leur poussent. Ils commencent manger beaucoup d'algue dans l'eau.

Groupes d'animaux

Les grenouilles, tritons et cécilies constituent les trois groupes d'animaux appelés amphibiens. Comme les grenouilles, les petits de ces animaux sortent des œufs et sont très différents des adultes.

Grenouille   **Triton**   **Cécilie**

Vie sur terre

À quatre mois, une grenouille est adulte : ses puissantes pattes arrière l'aident à nager, grimper et sauter sur terre. Elle retournera dans l'eau pour s'accoupler et pondre des œufs.

Respiration aérienne

Après trois mois, ils développent des poumons pour respirer l'air à la surface de l'eau. Des pattes avant leur poussent et leur queue se résorbe.

Quiz express

 Où sont pondus les œufs ?

 Quand apparaissent les pattes arrière ?

 Quand la queue disparaît-elle ?

Comment un poisson respire sous l'eau ?

Les êtres vivants respirent car ils ont besoin d'oxygène pour vivre. Les hommes inspirent l'oxygène de l'air par leurs poumons, mais les poissons ont des branchies sur les côtés de la tête qui filtrent l'oxygène de l'eau.

Plus de **32 500 espèces différentes** de poissons vivent dans les **lacs**, les **rivières** et les **océans.**

1 Absorption d'eau
Quand un poisson ouvre la bouche, l'eau entre et coule vers ses branchies.

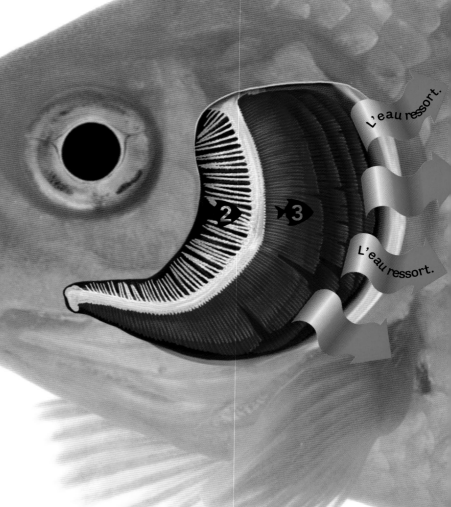

L'eau entre.

L'eau ressort.

L'eau ressort.

2 Filtre à eau
L'eau passe à travers des épines osseuses à l'intérieur de la tête, les branchiospines. Elles nettoient l'eau et bloquent le sable ou la boue.

3 Filaments plumeux
L'eau sort ensuite de la bouche par les branchies, qui contiennent des brins plumeux : les filaments. Ces filaments retiennent l'oxygène de l'eau et le font passer dans le sang du poisson.

Écailles glissantes

La plupart des poissons ont un corps lisse recouvert d'écailles qui le protègent.

Les poissons sont apparus il y a 500 millions d'années.

Quiz express

 Où sont situées les branchies ?

 À quoi servent les filaments plumeux ?

 Une baleine respire-t-elle sous l'eau ?

Les évents des mammifères marins

Les créatures marines n'ont pas toutes des branchies. Les baleines ont des poumons et remontent à la surface pour respirer. Elles aspirent l'air, puis le rejettent par des évents situés sur le dessus de la tête.

Quelle est la plus grosse araignée ?

La plus grosse araignée du monde est la mygale mangeuse d'oiseaux. C'est la plus lourde (175 g) et la plus large (28 cm pattes étendues). Géante et poilue, elle chasse la nuit, attendant de se jeter sur les proies qui passent.

Corps poilu

Les poils fins qui recouvrent le corps d'une mygale servent à ressentir les vibrations. Cela l'aide à sentir ce qui l'entoure et compense aussi sa mauvaise vue.

Il y a plus de **42 000 espèces différentes** d'araignées.

Enveloppe

Les araignées ont une couche extérieure dure, l'exosquelette, qui les protège. En grandissant, elles s'en débarrassent et en développent un nouveau.

Quiz express

 Qu'est-ce qu'un exosquelette?

 Comment l'araignée piège sa proie?

 Combien de pattes a une araignée?

Griffes

Une paire de griffes au bout de chaque patte lui sert à s'accrocher quand elle grimpe.

Capture de proie

Beaucoup d'araignées piègent les insectes volants en tissant une toile faite de fils de soie solides. Puis, l'araignée enveloppe sa proie dans des fils collants pour l'empêcher de bouger. Incapable de manger de la nourriture solide, elle injecte un liquide dans sa proie, qui se liquéfie, puis elle l'aspire.

Pattes flexibles

Toutes les araignées ont huit pattes avec six articulations chacune, ce qui les rend très agiles.

Crochets redoutables

ne mygale a deux gros crochets our injecter du venin. Elle e nourrit d'insectes, de souris, e grenouilles, de petits lézards t de serpents.

Comment la chenille devient-elle papillon ?

Un œuf éclot : c'est la naissance d'une chenille. La chenille va se nourrir et grandir, puis s'envelopper dans un cocon dur : la chrysalide. Ensuite, elle change de forme durant le processus de la métamorphose. Enfin, elle quitte la chrysalide sous forme de papillon adulte doté d'ailes.

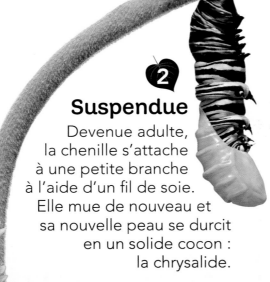

3 Enveloppée
La chrysalide enveloppe la chenille. À l'intérieur, le corps de la chenille commence à changer de forme.

2 Suspendue
Devenue adulte, la chenille s'attache à une petite branche à l'aide d'un fil de soie. Elle mue de nouveau et sa nouvelle peau se durcit en un solide cocon : la chrysalide.

1 Mangeuse de feuilles
La chenille (larve de papillon) sort d'un œuf, se nourrit de feuilles et mue (change de peau) plusieurs fois.

Il y a près de **20 000 types** de papillons dans le monde.

Quiz express

 Que mange une chenille ?

 Que se passe-t-il dans la chrysalide ?

 Où les papillons pondent-ils ?

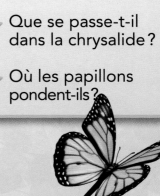

Devenir adulte

Beaucoup de jeunes insectes (mouches et scarabées) sont très différents des adultes. Ils naissent sous forme de larves rampantes puis se transforment, à l'intérieur d'une chrysalide, en adultes volants.

Larves de mouche (asticots)

Mouche bleue adulte

Larves de coccinelle

Coccinelles adultes

4 Métamorphose

La chrysalide change de couleur quand la chenille devient un papillon.

5 Éclosion

Enfin, la chrysalide éclot et le papillon adulte en sort doucement. Ses grandes ailes repliées doivent se déployer et sécher avant qu'il puisse voler.

Certains papillons font 3 200 km pour pondre leurs œufs.

6 Envol

Le papillon s'envole vers des fleurs pour boire leur nectar sucré. Après l'accouplement, les femelles pondent sur des feuilles et le cycle de la vie recommence.

Pourquoi la guêpe pique-t-elle ?

Seules les femelles et certaines espèces de guêpes piquent. Les guêpes sociales (vivant en groupes) piquent pour se défendre ou protéger leur nid en cas de danger. Les guêpes solitaires (vivant seules) se servent de leur dard pour tuer ou assommer leurs proies.

Dard dans la queue

Le dard d'une guêpe injecte du venin (poison) à sa proie. La guêpe bascule l'arrière de son corps vers le bas et l'avant pour utiliser le dard.

Défense des insectes

Tous les insectes n'ont pas de dard pour se défendre. Le réduve peut cracher du venin sur un agresseur jusqu'à 30 cm plus loin. Il tue aussi sa proie en la mordant et en lui injectant du venin. Il travaille parfois en équipe pour maîtriser les proies plus grosses que lui.

Réduve

Attention, rayures !

Ces rayures noires et jaunes préviennent les autres animaux que la guêpe est dangereuse.

Éperons et griffes

Elle a des éperons pointus sur les pattes. Au bout des pattes, des griffes l'aident à saisir et porter sa proie.

Quiz express

 Pourquoi une guêpe a-t-elle des rayures?

 À quoi servent ses antennes?

 Un œil de guêpe a combien de facettes?

Une guêpe peut piquer plusieurs fois, une abeille une seule fois.

Détecteurs d'odeurs

La guêpe possède deux antennes sur la tête qui servent à détecter les odeurs.

Vision précise

Ses yeux sont composés de milliers de petites facettes. La guêpe est donc très douée pour repérer les objets en mouvement.

Mandibules

Ses mandibules ont des bords durs et pointus. Comme des ciseaux, elles se rapprochent pour couper et écraser la proie.

Les animaux ont-ils une maison ?

Beaucoup d'animaux, des oiseaux dans les arbres aux animaux de mer, font des terriers, tanières et nids en toutes sortes d'endroits. Ces maisons sont un lieu de vie sûr, où ils pondent des œufs ou donnent naissance à leurs petits. Pour protéger leur famille, certains animaux, comme les castors, construisent leur maison de façon très intelligente.

Castor bâtisseur

Il coupe des arbres de ses dents solides et construit un barrage en travers d'un ruisseau avec des branches d'arbre, de la boue et des herbes.

Pierres et graviers

Sous l'eau, le castor empile des pierres et graviers pour bien renforcer le barrage.

Entrée secrète

Le barrage bloque assez d'eau pour créer une mare où le castor construira sa maison d'hiver, la hutte, dont l'entrée secrète est située sous l'eau.

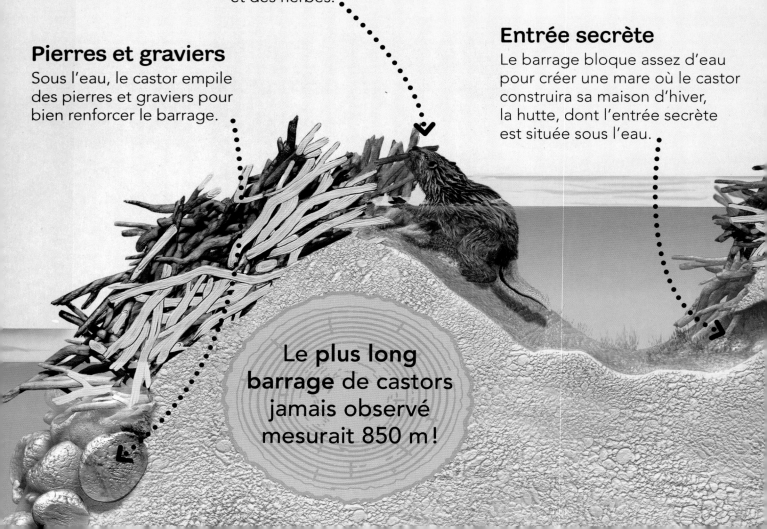

Le **plus long barrage** de castors jamais observé mesurait 850 m !

Villes de termites

Les termites sont de petits insectes qui vivent en grands groupes : les colonies. Certaines construisent de grands nids de plusieurs mètres de haut. La chambre où vit la reine se trouve au centre. Elle pond des milliers d'œufs par jour qui sont déplacés ailleurs dans le nid pour être soignés par les « ouvriers » aveugles.

Exemple de grand nid de termites

Pièce de vie

La famille du castor vit dans la partie au-dessus de l'eau, qui reste au sec.

Couche de boue

Le castor ajoute une épaisse couche de boue sur les murs de sa hutte pour l'isoler du froid.

Hutte de castor

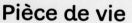

Un bébé castor pèse de 450 à 750 g.

Quiz express

 Qu'utilise un castor pour son barrage ?

 Quelle partie de la hutte reste sèche ?

 Où vit la reine des termites ?

Peut-on survivre dans le désert?

Les déserts sont des zones où il ne pleut presque pas. Certains sont sableux, rocheux et sous-peuplés. D'autres, comme en Amérique du Nord, ont plus de pluie, donc plus de plantes. Les animaux vivent aussi dans le désert. Ils trouvent des moyens pour se nourrir et se protéger de la chaleur.

En quête de repas

Le coyote mange des fruits, des insectes, tout ce qu'il peut trouver. Il chasse aussi de petits animaux.

Sphéralcée de Munro

Lièvre

Tarantule

Réserve d'eau

Comme beaucoup de plantes du désert, le cactus en tuyaux d'orgue peut stocker de l'eau dans ses épaisses tiges cireuses.

Oreilles géantes

Les grandes oreilles du lièvre l'aident à guetter le danger et libèrent la chaleur du corps.

Chasse nocturne

Le crotale est un expert en chasse. Ses capteurs de chaleur détectent les proies à sang chaud dans le noir.

Grand-duc d'Amérique

Coyote

Perchoir

Le grand-duc d'Amérique fait son nid dans les branches épineuses des cactus. Il se repose le jour et chasse à la fraîcheur de la nuit.

Cactus saguaro

Encelia farinosa

Quiz express

★ Grâce à quoi le lièvre se rafraîchit-il?

★ Comment le crotale chasse-t-il la nuit?

★ Que mange un coyote?

Abri au frais

Les spermophiles vivent sous terre. Le jour, ils se protègent du soleil dans des terriers frais.

Cactus Mammillaria milleri

Spermophile

Crotale

Kangourou

Lézard à collier

Certains prédateurs du désert tuent leur proie d'une morsure venimeuse.

Vautour

Arbre parapluie
Bien qu'en forme de parapluie, l'acacia peut vivre des mois sans pluie.

Lion dominant
Le lion mâle est à la tête de sa famille, la troupe. Il laisse chasser la lionne mais mange toujours en premier.

Gnou

Guépard

Le lion vit-il dans la jungle?

Les lions ne vivent pas dans la jungle pluvieuse et humide (forêt pluviale). Ils préfèrent les vastes prairies sèches d'Afrique : les savanes. Il y pleut assez pour faire pousser des arbustes et certains arbres, et beaucoup d'animaux y vivent.

Le **rugissement** d'un lion s'entend à **8 km** à la ronde.

Mangeurs de restes

Les vautours sont de grands oiseaux charognards. Ils mangent les restes des proies abandonnées par les animaux.

Longue marche

Beaucoup d'animaux de la savane, comme les gnous, zèbres et gazelles, migrent à certaines périodes de l'année. Ils parcourent des centaines de kilomètres à la recherche d'herbe fraîche à brouter.

Éléphant

Vautour

Gazelle

Zèbre

Quiz express

⋆ Donne un synonyme de jungle.

⋆ Comment s'appelle une famille de lions ?

⋆ Quel arbre a la forme d'un parapluie ?

n danger

buvant au point d'eau, s zèbres guettent le danger. es lions, guépards et léopards dent, cherchant des proies.

Qu'est-ce qu'une forêt pluviale ?

Ara rouge

C'est un endroit où poussent beaucoup d'arbres différents. Les forêts tropicales humides ont un temps chaud, humide et pluvieux toute l'année. Plus de la moitié des espèces végétales et animales y vivent, comme en Amazonie, au Brésil.

Tout en haut ....

L'ara rouge, un perroquet, vole d'arbres en arbres pour manger des baies et des fruits.

Toucan

De haut en bas

Une forêt pluviale a plusieurs couches où les animaux vivent ou se nourrissent. Les arbres émergents poussent sur la canopée (cimes des arbres). Ils sont au soleil, alors que le tapis forestier est dans le noir.

Piranha

Caïman noir

Loutre géant du Brésil

AMAZONE

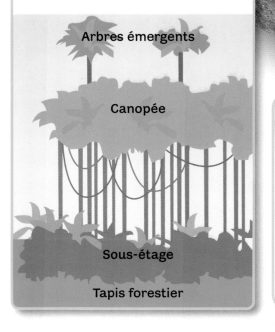

Arbres émergents

Canopée

Sous-étage

Tapis forestier

Quiz express

 Que mange l'ara rouge ?

 Comment le boa tue sa proie ?

 Où le jaguar cherche-t-il ses proies ?

Harpie féroce

En piqué

Quand une harpie féroce voit un singe ou un paresseux, elle fond dessus pour le saisir de ses serres puissantes.

Singe hurleur

Il vit dans la canopée et mange des feuilles. Il réveille la forêt de ses hurlements bruyants à l'aube.

Ara bleu et jaune

Les forêts pluviales couvrent **moins de 6 %** de la Terre.

Singe hurleur

Serpent à l'affût

Le boa émeraude se fond dans les feuilles vertes. Il serre sa proie jusqu'à la mort.

En chasse

Le jaguar rôde sur le tapis forestier à la recherche de proies. Il peut aussi grimper aux arbres et nager.

Boa émeraude

Capybara

Iguane vert

Jaguar

Nénuphar géant

L'Histoire

Que mangeaient les dinosaures ?

Un dinosaure mangeait des plantes, des animaux ou d'autres dinosaures, mais pas d'hommes ! Les gros dinosaures carnivores ont disparu plusieurs millions d'années avant notre apparition. Le tyrannosaure mangeur d'hommes n'existe qu'au cinéma.

Sourire terrifiant

Tyrannosaurus rex avait 60 dents aussi longues et tranchantes que des couteaux. Ce dinosaure carnivore s'en servait pour couper la chair de ses proies.

Quiz express

 Combien de dents avait le tyrannosaure ?

 À quoi lui servait sa queue ?

 Qu'étaient les ptérodactyles ?

Mâchoires

Les carnivores avaient d'énormes mâchoires qui s'ouvraient largement.

Queue pour l'équilibre

Le tyrannosaure avait une longue queue qui l'aidait à garder l'équilibre en courant. Les dinosaures herbivores, eux, avaient de grandes et lourdes queues pour se défendre contre leurs prédateurs.

Tyrannosaurus rex mesurait environ **12 m de long**, comme un bus !

Reptiles géants

Les dinosaures étaient des reptiles qui vécurent il y a 230 à 66 millions d'années. Mais tous les reptiles n'étaient pas des dinosaures. Les ptérodactyles étaient des reptiles volants, et d'autres reptiles vivaient en mer.

Pattes courtes

Le tyrannosaure avait un corps énorme et lourd et des pattes assez courtes. Prédateur redoutable, il pouvait courir aussi vite que les dinosaures herbivores.

Qu'est-il arrivé aux dinosaures ?

Les dinosaures ont disparu il y a 66 millions d'années. On ignore ce qui s'est passé exactement, mais il est possible qu'un gros astéroïde ait heurté la Terre et que les dinosaures n'aient pas pu survivre aux changements causés.

Quiz express

 Quand les dinosaures ont-ils disparu ?

 Pourquoi les carnivores sont morts de faim ?

 Quelle est la taille du cratère ?

Dinosaures affamés
Sans plantes à manger, les dinosaures herbivores moururent de faim. Sans eux, les carnivores n'eurent donc plus de quoi manger et moururent à leur tour.

Certains animaux ont survécu à cette période : **scorpions, tortues, crocodiles, oiseaux** et **insectes.**

Ciel poussiéreux

De gros nuages de poussière s'élevèrent dans le ciel sous l'impact de l'astéroïde, bloquant la lumière du soleil, ce qui rendit la planète froide et sombre pendant plusieurs années.

Plantes mourantes

Les débris chauds provenant de l'astéroïde incendièrent les plantes. Elles ne purent plus repousser car la poussière du ciel bloquait le soleil nécessaire à leur survie.

Impact sur Terre

On pense que l'astéroïde qui a heurté la Terre mesurait 10 km de large ! Le cratère causé par l'impact mesure 180 km de large. Il a été découvert en 1990, dans le village de Chicxulub, au Mexique.

Où vivait l'homme des cavernes ?

Il y a des dizaines de milliers d'années, les hommes préhistoriques utilisaient les grottes pour se protéger du climat ou se cacher des animaux sauvages. Mais on pense qu'ils les occupaient pour de courtes périodes, sans s'y installer.

Les hommes se servaien

Peinture rupestre

Les peintures sur les parois décrivaient les événements importants de la vie. Celle-ci a dû être réalisée par des *Homo sapiens* (ou hommes de Cro-Magnon) vers 15 000 av. J.-C.

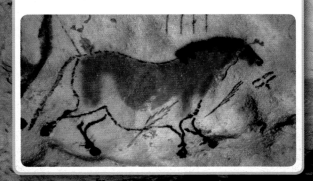

Une place pour tous

La plupart des grottes ne pouvaient accueillir que de petits groupes. On pense que les Néandertaliens vivaient par groupe familial d'une douzaine de personnes.

les grottes pendant leur recherche de nourriture.

Quiz express

 Pourquoi les grottes servaient-elles d'abri?

 Combien de personnes une grotte abritait-elle?

 Quand l'homme de Neandertal a disparu?

L'homme de Neandertal

Il est le premier à apparaître il y a environ 150 000 ans. Robuste, il chassait et utilisait le feu. Il a disparu voilà 30 000 ans, après l'arrivée des *Homo sapiens*.

Plusieurs espèces d'ancêtres humains s'abritaient dans les grottes.

Quand furent bâties les premières maisons ?

Les hommes préhistoriques étaient des chasseurs qui se déplaçaient pour se nourrir et vivaient dans des abris temporaires. Mais quand on découvrit l'agriculture il y a environ 12 000 ans, on se sédentarisa et l'on construisit des maisons permanentes. Au fil du temps, ces maisons formèrent des villages comme celui-ci, qui date d'il y a 9000 ans.

Peaux séchée

Lavées et séchées, les peaux d'anima servaient à se vêtir

Peau d'animal

Vie sur le toit

Les gens se servaient des toits pour travailler. Le village, exigu, n'avait pas de rues afin d'empêcher les pillards d'entrer.

Toit en roseaux

Bœuf

Quiz express

 De quand date ce village ?

 Que fournissaient les animaux d'élevage ?

 Pourquoi tissait-on des étoffes ?

Animaux d'élevage

Bétail, moutons, ânes et chèvres vivaient dans des enclos entre les maisons et fournissaient de la nourriture, du lait, de la laine et un moyen de transport.

Abri à tissus

Tissu coloré

Les hommes préhistoriques tissaient des vêtements et des couvertures.

Les maisons n'avaient pas de **porte d'entrée**, mais une **trappe dans le toit** !

Trappe d'entrée

Bœuf

Peinture murale

Chèvres

Moutons

Décor intérieur

Certaines maisons étaient décorées de peintures murales représentant la vie quotidienne.

Sous le sol

Dans ce village, les morts étaient enterrés sous le sol des maisons.

Que contient une pyramide?

La Grande Pyramide de Gizeh, sur les rives du fleuve Nil en Égypte, fut construite pour donner un tombeau au corps du souverain d'Égypte, le pharaon Khéops. L'immense édifice est fait de plus de deux millions de blocs de pierre empilés en 200 couches.

La Grande Pyramide fut construite il y a 4 500 ans.

 1 Digne d'un roi
Au fond de la pyramide, au bout d'un long passage, se trouve la Chambre du Roi, qui contenait autrefois les restes momifiés de Khéops.

 2 À l'extérieur
De nos jours, l'extérieur de la pyramide a des marches. Elles étaient initialement masquées par une couche de calcaire poli.

Il a fallu plus de **vingt ans** pour bâtir la Grande Pyramide.

3 Au milieu

À l'origine, la Chambre du Milieu s'appelait Chambre de la Reine. On pense qu'elle a contenu une statue du roi et des objets, tels que des meubles, outils et armes.

Hiéroglyphes

La civilisation des anciens Égyptiens dura plus de 3 000 ans. Ils laissèrent beaucoup d'indices sur leur vie, dont des textes écrits en hiéroglyphes, qui sont de petits dessins.

4 Long couloir

La Grande Galerie mène à la Chambre du Roi. Elle mesure près de 50 m de long. Son plafond atteint parfois 8 m de haut.

5 Par ici

L'entrée actuelle fut créée en 820 apr. J.-C. par des voleurs qui entrèrent par effraction dans la pyramide.

Quiz express

 Où se trouve la Grande Pyramide de Gizeh ?

 Que contenait la Chambre du Roi ?

 Quel nom désigne la Chambre de la Reine ?

Qui étaient les Grecs anciens ?

Leur civilisation dura de 800 à 146 av. J.-C. Les idées de leurs penseurs, dans les domaines de la science, de l'art, de la philosophie ou de la politique sont toujours d'actualité. Ils ont érigé des temples à leurs nombreux dieux et déesses. Voici le Parthénon, à Athènes, dédié à la déesse Athéna.

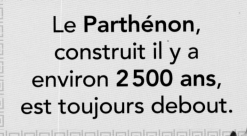

Le **Parthénon**, construit il y a environ **2 500 ans**, est toujours debout.

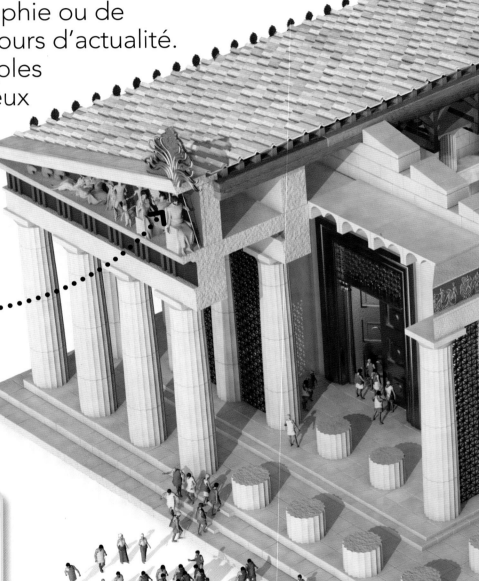

Histoire

Les sculptures au-dessus de l'entrée racontent la naissance d'Athéna, déesse de la sagesse et du courage.

Quiz express

 Où se trouve le Parthénon ?

 Quel métal recouvrait la statue d'Athéna ?

 Quand eurent lieu les 1ers jeux Olympiques ?

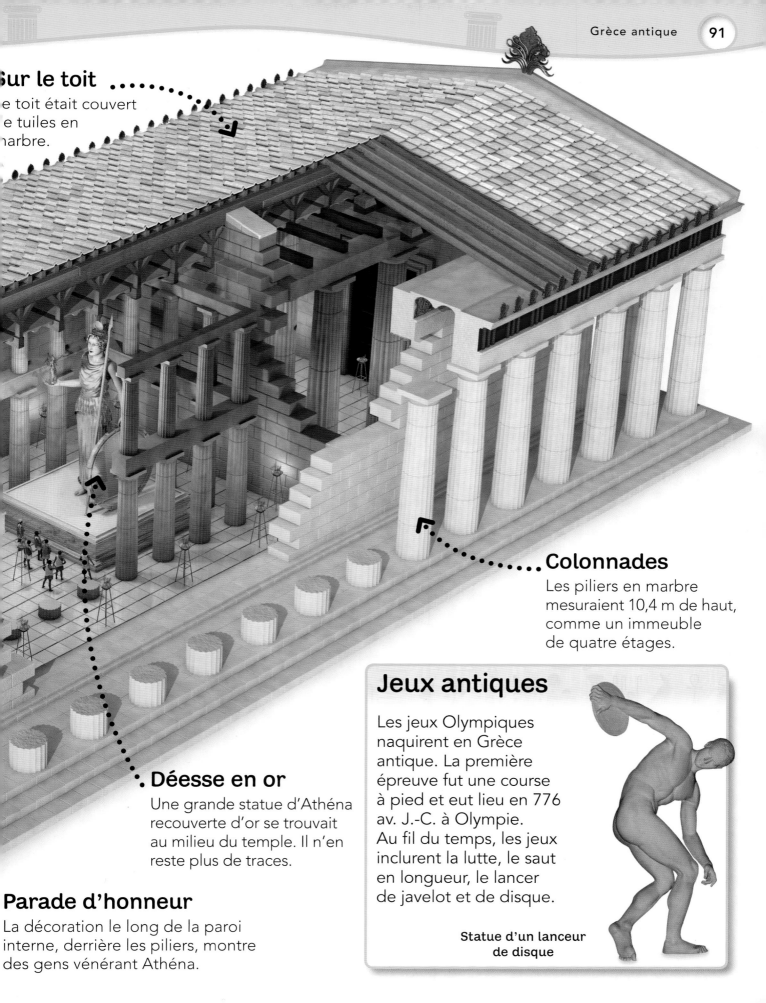

Sur le toit

Le toit était couvert de tuiles en marbre.

Colonnades

Les piliers en marbre mesuraient 10,4 m de haut, comme un immeuble de quatre étages.

Déesse en or

Une grande statue d'Athéna recouverte d'or se trouvait au milieu du temple. Il n'en reste plus de traces.

Parade d'honneur

La décoration le long de la paroi interne, derrière les piliers, montre des gens vénérant Athéna.

Jeux antiques

Les jeux Olympiques naquirent en Grèce antique. La première épreuve fut une course à pied et eut lieu en 776 av. J.-C. à Olympie. Au fil du temps, les jeux inclurent la lutte, le saut en longueur, le lancer de javelot et de disque.

Statue d'un lanceur de disque

Qui étaient les gladiateurs ?

Il y a 2000 ans, dans les villes romaines, les foules se rassemblaient pour voir des gens combattre. Les combattants s'appelaient des gladiateurs et luttaient parfois jusqu'à la mort. Il existait plus de vingt types de gladiateurs, maniant des armes différentes.

Épée courte
Certains gladiateurs avaient une épée courte et incurvée, la sica.

Des animaux aussi !

Avant les combats entre gladiateurs, le public assistait à des luttes entre des chasseurs entraînés et des animaux tels que des lions ou des loups.

Les **premiers gladiateurs** étaient des **prisonniers de guerre**.

Protection du corps...

Le bouclier d'un gladiateur était grand et rectangulaire, ou petit et rond, en fonction de son arme.

... et de la tête

Le casque était impressionnant pour intimider l'adversaire et bien protéger.

Lance pointue

Certains gladiateurs avaient de longues lances qu'ils plantaient dans leur adversaire. Il s'agissait de bâtons de bois terminés par une pointe en fer.

Quiz express

 Combien de types de gladiateurs y avait-il?

 Une sica était une lance ou une épée?

 Qu'avait aux pieds un gladiateur?

Le sol était couvert de sable.

Protection

Un gladiateur portait souvent une protection aux jambes, mais elle n'était pas la même pour tous. Le public aimait voir comment ces différences affectaient les combats.

Pieds nus

Le gladiateur était pieds nus ou en sandales de cuir à lanières.

Combien mesure la Grande Muraille de Chine ?

Il reste environ 1 740 km de Grande Muraille aujourd'hui, mais on ne connaît pas vraiment sa longueur d'il y a 500 ans. Les estimations vont de 8 850 km à plus de 21 000 km.

Murs épais

Les parties les plus larg[es] de la muraille faisaient 9 m de large, contre 30 cm pour les plus étroites.

Le haut de la Grande Muraille servait de route.

Tours de guet

Des tours de guet longeaient la muraille. Les messages, en cas d'attaque, étaient envoyés d'une tour à une autre.

Localisation

Cette carte indique où se trouvait la muraille il y a 500 ans. Il y a 2 800 ans, plusieurs petits murs furent construits. Ils se rejoignirent environ 400 ans plus tard, puis furent élargis.

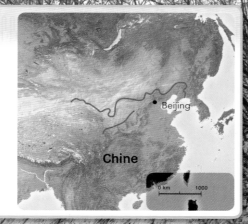

Beijing

Chine

0 km   1000

Les premières murailles devaie[nt] stopper l'invasio[n] des **tribus du Nord**.

Signaux d'alerte

Un canon envoyait des signaux d'alerte en cas d'attaque ennemie.

Signaux de fumée

Des feux brûlaient près des tours et envoyaient des signaux de fumée le jour, en cas d'attaque ou d'appel à l'aide.

Quiz express

★ Que reste-t-il de la Grande Muraille ?

★ Qu'indiquait un signal de fumée ?

★ Combien d'ouvriers ont construit la Muraille ?

Observation

Des soldats gardaient chaque partie de la muraille, guettant les envahisseurs.

Armée d'ouvriers

Des centaines de milliers d'ouvriers ont construit la Grande Muraille.

Qui étaient les Vikings ?

Ils vivaient en Scandinavie (Europe du Nord) il y a plus de 1 000 ans. Guerriers féroces connus pour leurs raids et leurs pillages, ils faisaient aussi du commerce et de longs voyages vers différentes régions du monde. Leurs navires de guerre, les drakkars, avançaient à la voile et à la rame, et pouvaient même remonter les fleuves.

Grande et colorée
Un drakkar avait une grande voile en tissu de laine épaisse. On pense que les voiles étaient décorées de rayures vives.

Figure terrifiante
Les Vikings sculptaient des têtes de créatures terrifiantes en bois, comme des dragons, à la proue de leurs drakkars, pour effrayer et se protéger du mauvais sort.

« Viking » vient d'un mot d'origine scandinave, *vikingr* (pillard des mers).

Voyages vikings

Les Vikings furent les premiers à s'installer en Islande. Ils naviguèrent jusqu'au Groenland et en Amérique du Nord. Beaucoup se fixaient là où ils débarquaient.

Guerriers vikings

Blindage
Les rameurs alignaient leurs boucliers sur le côté du navire pour se protéger.

Quiz express

⭐ Où vivaient les Vikings ?

⭐ En quoi était faite la voile ?

⭐ Que sculptaient les Vikings ?

À bâbord toute !

Le gouvernail était une rame très longue fixée à l'arrière du navire et manœuvrée par un seul homme.

Tous ensemble !

Le drakkar avait des ouvertures de chaque côté pour y insérer de longues rames. La voile hissée, les marins rentraient celles-ci et couvraient les trous pour empêcher l'eau d'entrer.

Qui étaient les Aztèques ?

Guerriers courageux, ils bâtirent un empire au Mexique du XIVᵉ au XVIᵉ siècle. Leur société était très avancée, avec des marchés, écoles, temples, œuvres d'art. Le Templo Mayor était au centre de leur capitale, Tenochtitlán. C'était une grande pyramide avec deux temples au sommet.

Prières pour la pluie
Ce temple était dédié à Tlaloc, dieu de la pluie et de l'agriculture.

Fidèles du temple
Les temples servaient à prier les dieux et à faire des sacrifices.

Temple du serpent
Il y avait un plus petit temple devant le temple principal. Il était dédié à Quetzalcóatl, un dieu en forme de serpent à plumes.

Quiz express

★ Où vivaient les Aztèques ?

★ De quoi Tlaloc était-il le dieu ?

★ À quoi ressemblait Quetzalcóatl ?

Le Templo Mayor fut **reconstruit sept fois**, mais définitivement **détruit en 1521**.

Dieu de la guerre

Ce temple était dédié à Huitzilopochtli, dieu de la guerre et du Soleil.

Amérique précolombienne

Trois puissantes civilisations régnèrent en Amérique centrale et du Sud, d'environ 300 av. J.-C. jusqu'au XVIᵉ siècle : les Mayas, les Aztèques et les Incas.

Océan Atlantique

Océan Pacifique

Aztèques
Mayas
Incas

Comment était la vie au château ?

Le château, souvent humide, sombre, malodorant et plein de courants d'air, protégeait le seigneur grâce à ses enceintes, ses tours et ses meurtrières en guise de fenêtres.

Attention !
Les tours d'angle permettaient aux défenseurs de voir arriver les assaillants.

Pièces de vie
Les chambres privées du seigneur se trouvaient dans la partie la plus solide, le donjon.

Douve
Un profond fossé rempli d'eau, la douve, entourait le château afin de maintenir les assaillants à distance.

Pont-levis
À l'entrée, un pont-levis en bois se baissait pour accueillir les invités ou se levait pour bloquer les assaillants.

Entrée
Le château avait une seule entrée principale afin de faciliter sa défense.

Voici un **château** du XIIIe siècle à deux enceintes extérieures et quatre tours d'angle

Digne d'un festin

Des festins pour les chevaliers et convives se tenaient dans la grande salle.

Jardin potager

Meurtrière

Vie de luxe

Le seigneur vivait dans le donjon. Son grand lit avait un matelas de plumes, des couettes et des couvertures en fourrure. Des rideaux en lin protégeaient des courants d'air.

Quiz express

 Dans quelle partie vivait le seigneur?

 De quoi était remplie la douve?

 Où se tenaient les festins?

Temps libre

La partie couverte (tilla) permettait à l'équipage de se détendre et de jouer aux dés, par exemple.

Comment vivaient les explorateurs ?

En 1492, Christophe Colomb traversa l'océan Atlantique dans un bateau comme celui-ci. Le voyage fut dangereux et difficile. Avec son équipage d'environ 90 marins, il ignorait s'ils auraient assez de vivres et de boisson, et le risque de maladie était élevé.

Colomb égaré

L'explorateur partit d'Espagne et traversa l'Atlantique à la recherche d'une route vers l'Asie orientale. Il se trompa dans ses calculs, et en débarquant en Amérique, il pensa être arrivé en Chine ou au Japon.

Sur le pont

Le pont était un grand espace ouvert où avaient lieu la plupart des activités. Les marins y dormaient et s'y réunissaient chaque matin pour prier.

Cuisine

Le cuisinier préparait des repas à base de poisson frais, viande salée, fromage et haricots.

Colomb traversa l'Atlantique en **70 jours**. Aujourd'hui, il faut **7 jours**.

Quiz express

- Où pensait avoir débarqué Colomb ?
- Que mangeait l'équipage ?
- Que trouvait-on sur l'arrière-pont ?

Vivres

Sous le pont, on stockait des tonneaux d'eau et de vin, des haricots et des galettes.

Armement

L'arrière-pont avait deux canons pour se défendre en cas d'attaque.

Quand furent inventés les trains ?

La première locomotive à vapeur fut inventée en 1804 par un ingénieur anglais, Richard Trevithick. En brûlant du charbon, l'eau se transformait en vapeur qui faisait avancer le train. En 1829, George Stephenson construisit la Rocket (la fusée), version améliorée et plus rapide du train à vapeur.

Réservoir d'eau

L'eau était stockée dans un tonneau. Quand le conducteur en avait besoin, elle passait des tuyaux à la chaudière, se transformant en vapeur.

Stocks de réserve

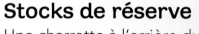

Une charrette à l'arrière du train transportait le charbon et l'eau nécessaires pour rouler.

La vitesse maximum de la **Rocket** était de **46 km/h**. De nos jours, on peut atteindre **300 km/h** !

La première voie ferrée fut ouverte en 1825.

Quiz express

 Qui inventa la première locomotive à vapeur ?

 De quel carburant avait-elle besoin ?

 Comment la vapeur actionnait les roues ?

Attiser les flammes

La cheminée permettait de transmettre plus d'air pour attiser le feu et faire accélérer le train.

À toute vapeur

La vapeur de la chaudière soulevait et abaissait un piston qui faisait tourner les roues.

Démarrage

Le charbon de la boîte à feu chauffait l'eau de la chaudière.

Chaudière

ROCKET.

Les
sciences

Pourquoi la glace fond-elle?

En sortant une glace à l'eau du congélateur, elle est solide. Les objets solides sont formés de minuscules particules (morceaux) solidement assemblées. En se réchauffant, la glace fond et devient liquide car la chaleur donne plus d'énergie aux particules, qui se dispersent.

Solidement gelée
Une glace à l'eau solide a une forme bien définie.

Glace fondue
En fondant, la glace est devenue liquide, sans forme précise. Le liquide coule et se répand.

Particules solides

Quiz express

 Les particules de la glace bougent-elles?

 Un liquide a-t-il une forme précise?

 À quelle température l'eau gèle-t-elle?

Sur place
Les particules d'un solide n'ont pas assez d'énergie pour bouger. Elles vibrent de façon imperceptible.

Du liquide au gaz

L'eau est liquide, mais peut devenir solide ou gazeuse. Quand elle gèle, elle devient de la glace, un solide. Quand elle est chauffée, elle devient de la vapeur, un gaz. Les particules d'un gaz bougent encore plus vite que dans un liquide et dans tous les sens.

Particules gazeuses

Particules liquides

En liberté

En se réchauffant dans l'air, les particules de la glace reçoivent plus d'énergie. Cela leur permet de se détacher les unes des autres et de bouger librement.

L'eau **gèle** à **0 °C** et devient de la vapeur **en bouillant** à **100 °C.**

Pourquoi le métal rouille-t-il ?

Seuls le fer et les métaux contenant du fer, comme l'acier, rouillent. Le fer rouille au contact de l'eau et de l'air, car l'eau et l'oxygène dans l'air réagissent avec le fer. Cette réaction crée une nouvelle substance, les écailles de rouille marron rougeâtre.

Caoutchouc inoxydable

Les pneus d'un vélo ne rouillent pas car ils sont en caoutchouc. Le caoutchouc ne réagit pas comme le fer au contact de l'oxygène.

Réaction en chaîne

La chaîne d'un vélo est en acier, donc elle rouillera. Tu peux éviter la rouille en huilant la chaîne afin de la protéger de l'eau.

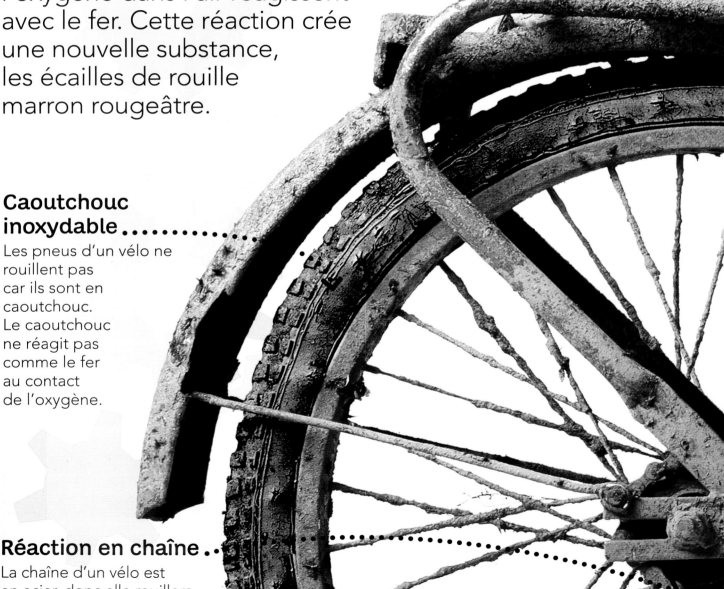

Dans la selle

Une selle en cuir ou en plastique ne rouillera pas, mais pourra se déchirer ou s'abîmer.

Peindre du fer peut l'empêcher de rouiller, car cela le **protège de l'air et de l'eau.**

Écailles rouillées

Le cadre est aussi en acier et rouillera si le métal est en contact avec l'air et l'eau pendant longtemps. Le cadre est protégé par de la peinture, mais si elle s'écaille, la rouille se formera sur le métal en dessous.

Matériaux de la maison

Le mot « matériau » désigne ce en quoi est fait un objet (par exemple : métal, plastique ou verre). Une maison est remplie d'objets faits en différents matériaux.

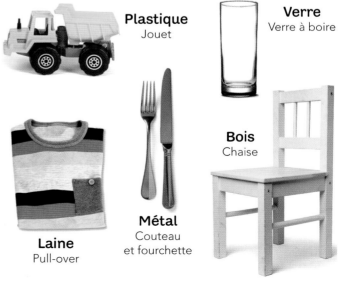

Plastique
Jouet

Verre
Verre à boire

Bois
Chaise

Laine
Pull-over

Métal
Couteau et fourchette

Pourquoi un fruit pourrit-il?

Dès qu'il est cueilli, le fruit émet un gaz, l'éthylène, qui le fait mûrir (le rend plus mou et sucré). Mais quand le fruit est très mûr, il commence à se décomposer (pourrir). En même temps, de petites moisissures et bactéries invisibles dans l'air se posent sur le fruit, le faisant mûrir, puis pourrir plus vite.

Quiz express

 Quand une pomme commence à pourrir?

 Comment devient sa peau?

 Les moisissures sont-elles comestibles?

Au réfrigérateur, les aliments restent frais plus longtemps.

1 Fruit frais

La peau d'une pomme fraîche et mûre est lisse, brillante et colorée. Le fruit est ferme, croquant, juteux et sucré.

2 Premières rides

Après une semaine ou deux, la peau commence à se ratatiner. Sa couleur devient terne et le fruit est plus mou.

3 Moindre qualité

Quelques semaines plus tard, l chair de la pomme s'est ramolli Elle est toujours sucrée, mais a perdu un peu de goût.

Aliments moisis

Toutes les moisissures ne sont pas désagréables ou dangereuses à manger. L'ajout de moisissures à certains fromages crée le « bleu », qui a un goût fort et une odeur appréciés des connaisseurs.

Bleu d'Auvergne

En pourrissant, la chair disparaît et libère ses pépins pour créer une nouvelle plante.

Dans l'air

Le fruit brunit quand ses composés chimiques réagissent avec l'oxygène.

Perte d'eau

Le fruit se ratatine et rétrécit à mesure que l'eau s'évapore de sa chair.

❹ Forme affaissée

Quatre ou cinq semaines plus tard, le fruit commence à se dessécher. Sa peau devient marron par endroits.

❺ Moisissure

Le fruit sent mauvais et n'est plus comestible. Les moisissures et bactéries accélèrent le pourrissement.

❻ Fruit pourri

Après plusieurs semaines, le fruit entier est pourri. Il est deux fois plus petit qu'avant et est décoloré et ratatiné.

Qu'est-ce que l'énergie ?

L'énergie est la capacité à être actif (par exemple, aller à l'école à pied, faire tourner les roues d'une voiture, alimenter un PC ou faire pousser les plantes et grandir les animaux). La plupart de l'énergie sur Terre vient du Soleil.

L'énergie ne peut être **créée** ou **détruite**. Elle **change** juste de forme.

1 Chaleur et lumière

Les réactions nucléaires du Soleil changent la matière en énergie lumineuse et thermique. Cette énergie voyage jusqu'à la Terre.

2 Croissance

Les plantes comme le [blé] absorbent l'énergie sol[aire] pour en faire des sucres. Le blé stocke l'énergie des sucres dans ses cellu[les] et l'utilise pour pousser.

Concentré d'énergie

En étirant un élastique, tu utilises de l'énergie. L'élastique stocke cette énergie aussi longtemps que tu le tires. En le lâchant d'un coup, l'élastique change alors l'énergie stockée en énergie cinétique (mouvement) et sonore (il fait « boing ! »).

3 Alimentation

Le pain contient l'énergie stockée du blé. En le mangeant, ou tout autre aliment, notre corps stocke l'énergie de l'aliment et l'utilise pour tout alimenter, du cerveau aux muscles.

Quiz express

 D'où vient l'énergie ?

 À quoi sert-elle pour une plante ?

 L'énergie peut-elle être détruite ?

4 En mouvement

En courant, l'énergie stockée dans notre corps devient de l'énergie cinétique. En frappant un ballon du pied, une partie de l'énergie passe dans le ballon, qui bouge.

D'où vient l'électricité ?

L'électricité que nous utilisons chez nous est surtout produite par une centrale électrique. Elle voyage le long de câbles jusque chez nous, où nous l'utilisons pour cuisiner, chauffer, éclairer et faire fonctionner des appareils, comme un poste de télévision.

3 Circulation

L'électricité à haute tensi voyage le long de lignes électriques soutenues par des pylônes.

2 Poste élévateur

L'électricité atteint un poste élévateur qui augmente sa tension afin qu'elle circule plus facilement et que moins d'énergie soit gaspillée.

1 Centrale électrique

Des combustibles fossiles (charbon, pétrole, gaz) brûlent pour chauffer l'eau, qui devient de la vapeur et fait tourner une turbine (roue) qui produit de l'électricité.

Les **combustibles fossiles** proviennent de la décomposition de **plantes et d'animaux.**

Quiz express

 Cite trois combustibles fossiles.

 Comment fonctionne une centrale électrique?

Pourquoi l'énergie du soleil est renouvelable?

5 Arrivée au foyer

L'électricité à plus basse tension voyage le long d'un autre groupe de lignes électriques et de pylônes jusqu'aux prises électriques des maisons.

L'électricité voyage à 300 millions de mètres par seconde.

4 Poste abaisseur

L'électricité atteint un autre poste, où sa tension est réduite. Cela rend son utilisation dans les maisons plus sûre.

Énergie éternelle

Les combustibles fossiles sont une énergie non renouvelable : il y en a une quantité fixe sur Terre et ils peuvent tous s'épuiser un jour. Mais il y a aussi des énergies renouvelables. L'énergie du vent, de l'eau ou du soleil ne s'épuisera jamais.

Énergie hydroélectrique
L'eau des barrages produit de l'électricité.

Énergie éolienne
Le vent fait tourner des turbines qui produisent de l'électricité.

Énergie solaire
La lumière des rayons de soleil devient de l'électricité.

Que produit un aimant ?

Les aimants sont généralement en fer ou en un métal contenant du fer. Ils attirent les objets en fer ou faits en d'autres métaux magnétiques. Chaque aimant a deux extrémités : un pôle nord et un pôle sud.

Pôle nord

Cette extrémité de l'aimant est le pôle nord. S'il rencontre le pôle nord d'un autre aimant, il le repoussera, mais s'il rencontre le pôle sud d'un autre aimant, il l'attira (le tirera vers lui).

Champ magnétique

Des lignes de force magnétique (la force qui attire les métaux magnétiques) relient les deux pôles. Ces lignes dessinent le champ magnétique.

Barre aimantée

La force magnétique

Motif du fer

Si de petits grains de fer, appelés limaille, tombent autour d'un aimant, ils suivront le motif de son champ magnétique.

Quiz express

 En quel métal est fait un aimant ?

 Comment s'appellent les deux extrémités ?

 Dans quel instrument y a-t-il un aimant ?

Force plus faible

En s'éloignant des pôles, la force magnétique s'affaiblit. Ici, la limaille de fer ne forme pas de lignes.

En coupant un aimant en deux, tu en obtiendras **deux**, chacun avec un **pôle nord** et un **pôle sud**.

Pôle sud

Cette extrémité de l'aimant est le pôle sud. S'il rencontre le pôle sud d'un autre aimant, il le repoussera, mais s'il rencontre le pôle nord d'un autre aimant, il l'attirera.

Force plus élevée

Un tas de limaille de fer est attiré vers les pôles de l'aimant, car c'est là où la force magnétique est la plus élevée.

encercle les pôles.

Aimants au travail

L'aiguille d'une boussole est un aimant. Une extrémité indique toujours le nord car la Terre est un aimant géant (avec un pôle Nord et Sud). Le champ magnétique de la Terre fait s'aligner l'aiguille sur les lignes de force terrestres.

Boussole

1 **Rayons de Soleil**

La lumière du Soleil traverse les gouttes.

Tu ne peux voir un arc-en-ciel que si **le Soleil** est **derrière** toi et la **pluie devant** toi.

Nous voyons les rayons comme de la lumière blanche.

Qu'est-ce qu'un arc-en-ciel ?

Si le Soleil brille quand il pleut, les gouttes de pluie renvoient sa lumière qui se divise en plusieurs couleurs, formant un arc-en-ciel. Ces couleurs sont le rouge, l'orange, le jaune, le vert, le bleu, l'indigo et le violet.

Quiz express

 Quand peut-on voir un arc-en-ciel ?

 Quels couleurs peut-on observer ?

 Quand se produit un arc-en-ciel rouge ?

Éventail d'arcs-en-ciel

Quand le Soleil se réfléchit deux fois sur la même goutte, on peut voir un double arc-en-ciel, le second avec ses couleurs inversées. Il existe aussi l'arc-en-ciel lunaire (quand la clarté de la lune se réfléchit sur les gouttes) et l'arc-en-ciel rouge (à l'aube ou au crépuscule), mais ils sont rares.

Double arc-en-ciel

2 Réfraction

Quand un rayon de soleil passe à travers une goutte, il se courbe et se disperse en rayons qui prennent des directions un peu différentes. Ces rayons ont maintenant différentes couleurs.

3 Rebond

La lumière rebondit (se réfléchit) sur le dos de la goutte. Elle brille en arrière et vers le bas, en direction de tes yeux.

4 Union colorée

En quittant la goutte, les rayons se dispersent encore. La division en couleurs se produit dans chacune des millions de gouttes du ciel. Ensemble, les gouttes forment un arc-en-ciel multicolore.

Qu'est-ce que l'écho?

Le son se propage partout sous forme d'ondes invisibles. Au contact d'une surface dure, comme le plafond ou le mur d'une grotte, les ondes rebondissent et un son revient à tes oreilles. Ce que tu entends est une copie du son que tu as produit, en plus faible.

❶ Cri initial

En criant, tu crées une vibration dans ta gorge. Cette vibration sort rapidement de ta bouche sous forme d'onde sonore. Une onde sonore est une onde d'air écrasé et étiré, indiquée en rouge ici.

Quiz express

 Comment le son voyage-t-il dans l'air?

 Pourquoi l'écho est-il fort dans une grotte?

 Un bébé est-il plus bruyant qu'une auto?

❺ Écho perçu

Quand l'onde arrive à tes oreilles, tu entends l'écho de ton cri. Dans une grotte, il est clair et fort, car les surfaces rocheuses réfléchissent bien le son.

② Réflexion

L'onde se réfléchit, ou rebondit, sur le plafond et les murs de la grotte, créant un écho.

③ Rebond

Une grotte est constituée de surfaces dures qui réfléchissent ton cri : il peut même rebondir plusieurs fois avant de revenir.

Niveaux de décibels

Le volume sonore se mesure en décibels (dB). Les sons s'intensifient quand on s'en approche. Il faut donc tenir compte de la distance pour comparer le volume sonore. Exemples :

30 dB
Bruissement de feuilles

50 dB
Musique douce

60 dB
Conversation

80 dB
Trafic dense

115 dB
Pleurs de bébé

125 dB
Marteau-piqueur

140 dB
Moteur à réaction

L'écho met peu de temps pour revenir. Le son voyage à **340 m par seconde.**

④ Affaiblissement

L'onde sonore est forte au début, puis s'affaiblit en se propageant. Quand elle arrive à tes oreilles, elle est beaucoup plus faible, ce qui rend l'écho plus assourdi.

Comment marche une voiture ?

Les voitures ont un moteur à essence ou diesel, des carburants liquides. Le moteur brûle ce carburant pour actionner des tiges et des roues dentées, qui font tourner les roues et avancer la voiture.

Une **voiture électrique** n'utilise pas d'essence, mais un **moteur électrique**.

La marche arrière fait tourner les roues à l'envers.

Quiz express

 Quels carburants utilise une voiture ?

 Que fait la boîte de vitesses ?

 À quoi est relié l'arbre de transmission ?

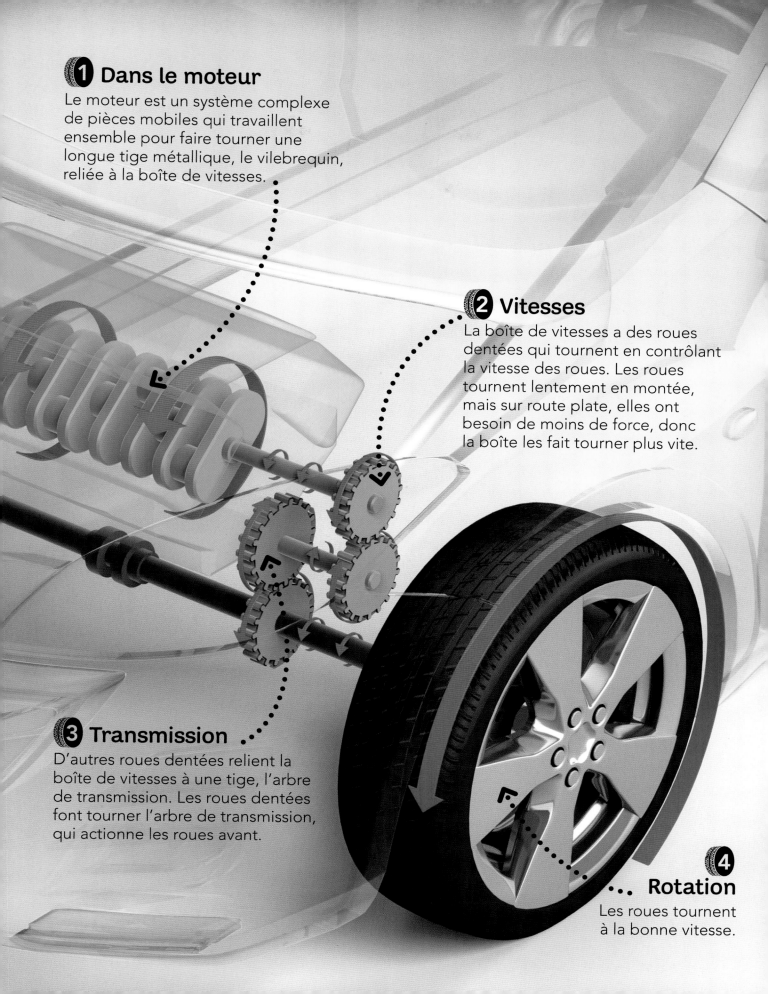

1 Dans le moteur

Le moteur est un système complexe de pièces mobiles qui travaillent ensemble pour faire tourner une longue tige métallique, le vilebrequin, reliée à la boîte de vitesses.

2 Vitesses

La boîte de vitesses a des roues dentées qui tournent en contrôlant la vitesse des roues. Les roues tournent lentement en montée, mais sur route plate, elles ont besoin de moins de force, donc la boîte les fait tourner plus vite.

3 Transmission

D'autres roues dentées relient la boîte de vitesses à une tige, l'arbre de transmission. Les roues dentées font tourner l'arbre de transmission, qui actionne les roues avant.

4 Rotation

Les roues tournent à la bonne vitesse.

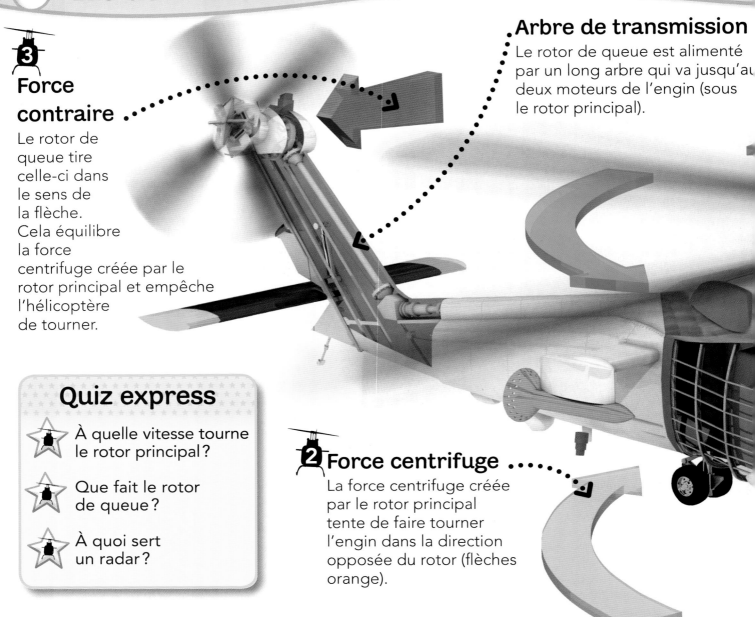

3 Force contraire

Le rotor de queue tire celle-ci dans le sens de la flèche. Cela équilibre la force centrifuge créée par le rotor principal et empêche l'hélicoptère de tourner.

Arbre de transmission

Le rotor de queue est alimenté par un long arbre qui va jusqu'au deux moteurs de l'engin (sous le rotor principal).

Quiz express

⭐ À quelle vitesse tourne le rotor principal ?

⭐ Que fait le rotor de queue ?

⭐ À quoi sert un radar ?

2 Force centrifuge

La force centrifuge créée par le rotor principal tente de faire tourner l'engin dans la direction opposée du rotor (flèches orange).

Pourquoi un hélicoptère a-t-il une hélice sur la queue ?

Les hélices s'appellent des rotors et la plupart des hélicoptères en ont deux : le rotor principal et le rotor de queue. Le rotor principal soulève l'engin du sol, mais il crée aussi une force centrifuge qui entraîne l'hélicoptère à tourner sur lui-même. Le rotor de queue l'en empêche.

① Vitesse et portance

Le rotor principal tourne des centaines de fois par minute, dans le sens des flèches vertes. Cela crée une force, la portance, qui fait décoller l'hélicoptère.

Appareils de recherche

Les radars, la navigation par satellite et l'équipement de vision nocturne servent à repérer des objets.

Secours d'urgence

Cet hélicoptère de recherche et de sauvetage a une civière qui peut descendre pour ramener des blessés.

Aux commandes

Le pilote fait voler l'hélicoptère grâce à deux leviers distincts et deux pédales.

Chinook bi-rotor

Le Chinook a deux rotors tournant en sens inverse, mais pas de rotor de queue. Un rotor fait tourner l'engin dans un sens, et l'autre en sens contraire. Ils s'équilibrent et rendent inutile un rotor de queue.

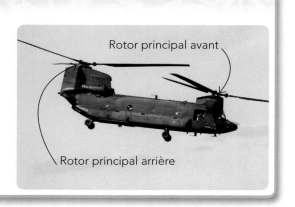

Rotor principal avant

Rotor principal arrière

Un hélicoptère peut voler dans **toutes les directions** et aussi faire du **surplace**.

Comment marche un sous-marin?

Un sous-marin ne flotte pas sur l'eau comme un bateau. Il voyage sous la surface, en remplissant et en vidant de gros réservoirs d'eau ou d'air pour plonger ou remonter. Le sous-marin représenté ici plonge à environ 500 m de profondeur.

Hélice

Turbines
Des jets de vapeur actionnent des turbines dans la salle des machines, qui font tourner une hélice à l'arrière du sous-marin pour avancer.

Énergie nucléaire
Ce moteur est alimenté par de l'énergie nucléaire. L'énergie crée de la chaleur, qui produit la vapeur pour actionner les turbines.

Salle de repos
L'équipage dort sur des lits superposés exigus et travaille en équipes de jour et de nuit.

Plongée... et remontée en surface

Air

Eau

À la surface Les réservoirs sont remplis d'air afin que le sous-marin puisse flotter à la surface de l'eau.

Plongée Pour pouvoir plonger, les réservoirs pompent de l'eau qui vient remplacer l'air.

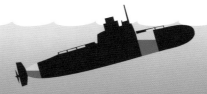

Remontée Le sous-marin remonte à la surface si l'eau est évacuée et remplacée par de l'air.

Quiz express

 Comment plonge un sous-marin ?

 À quoi sert un sonar ?

 Comment était propulsée la Tortue ?

Le premier sous-marin

La Tortue fut construite il y a 250 ans. Fabriquée en bois, elle avait un réservoir pour plonger et remonter. Elle était propulsée par un homme qui actionnait une manivelle pour faire tourner l'hélice.

Aux commandes

La salle des commandes est le cœur du sous-marin. C'est de là que l'équipage gère tout.

Bien armé

Il transporte des armes et peut lancer seize missiles à la fois.

Un sous-marin est plus rapide sous l'eau qu'à la surface.

Trouver son chemin

Sous l'eau, le sous-marin se sert d'ondes sonores, les sonars, pour trouver son chemin et localiser des objets, tels que des navires.

emontée t plongée

y a un réservoir à l'avant un à l'arrière (en bleu). Ils sont mplis d'eau pour faire plonger sous-marin ou d'air pour faire remonter.

Qu'est-ce qu'une télécommande ?

Une télécommande envoie des signaux invisibles (ondes radio) à un engin téléguidé pour contrôler ses mouvements. Tous ces engins ont un émetteur qui envoie les signaux, un récepteur qui les reçoit, un moteur qui actionne les pièces mobiles et une batterie d'alimentation.

Quiz express

 Quel type d'ondes est utilisé ?

 Quelles sont les 4 commandes de tous les engins téléguidés ?

 Qu'envoie ou que reçoit l'antenne ?

Le **premier engin téléguidé** était un bateau, lancé en **1898**.

Certains engins téléguidés peuvent transporter quelqu'un.

Envoi de signaux

L'antenne de l'émetteur transforme le courant électrique de la batterie en ondes radio, qu'elle envoie à l'hélicoptère.

Aux commandes

Les commandes peuvent être bougées vers la gauche, la droite, en avant ou en arrière pour diriger l'hélicoptère.

Ondes invisibles

Les ondes radio sont des ondes invisibles d'énergie. Leur hauteur, largeur et disposition font changer l'hélicoptère de direction ou de vitesse.

Inclinaison

Les pales du rotor s'inclinent quand l'engin reçoit le signal de changer de direction de vol.

Pas trop loin !

Plus les ondes radio s'éloignent de l'émetteur, plus elles s'affaiblissent. Si l'hélicoptère s'éloigne trop, l'émetteur ne pourra plus le contrôler.

Réception de signaux

Une antenne dans l'hélicoptère reçoit le signal de l'émetteur.

Commande à distance dans l'espace

Les deux sondes spatiales Voyager furent envoyées dans l'espace en 1977 pour photographier les planètes et les lunes de notre système solaire. Bien qu'à 20 milliards de kilomètres, elles sont toujours commandées depuis la Terre. Elles reçoivent les signaux radio grâce à des récepteurs sensibles orientés vers les émetteurs sur Terre.

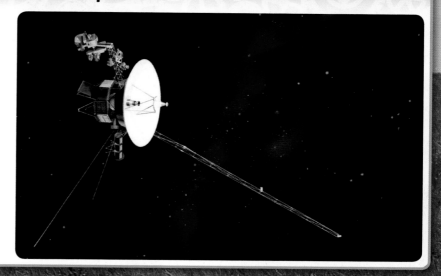

Comment marche un portable?

Lorsqu'on envoie un texto, le portable le transmet sous forme d'ondes radio invisibles à une station de base. De nombreuses stations de base sont reliées par ordinateur à un centre de commutation. Les ordinateurs transmettent le message d'une station de base à une autre, jusqu'au portable auquel il est destiné.

Station initiale

Ondes radio

Le **1er SMS** a été envoyé en 1992 au Royaume-Uni et disait : « **Joyeux Noël** ».

1 **Envoi**

Quand un SMS est envoyé, le portable le transmet sous forme d'ondes radio invisibles, captées par la station de base la plus proche (une tour spéciale surmontée d'une antenne).

2 **Station initiale**

La station de base reçoit les ondes radio, et les envoie sous forme de signal électronique à travers un câble souterrain à un réseau d'ordinateurs dans un centre de commutation.

« Cellulaires »

Les stations de base sont dispersées sur le territoire. Chacune se trouve dans sa propre zone, appelée cellule. C'est pourquoi les portables sont appelés « cellulaires » dans plusieurs pays.

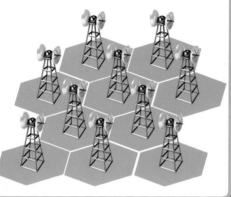

Centre de commutation

Seconde station

Quiz express

 Qu'envoie un portable à une station de base?

 Que disait le premier SMS?

 Combien de stations contient une cellule?

Ondes radio

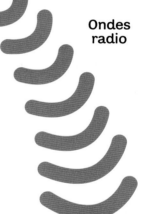

BONJOUR!

3 ## Commutation

Le centre de commutation recherche la station la plus proche du portable destinataire du SMS. Il transmet ensuite le signal à cette station par câbles.

4 ## Seconde station

La seconde station de base reçoit le signal, le transforme à nouveau en ondes radio qu'elle envoie dans l'air au portable.

5 ## Message reçu!

Le portable capte les ondes radio et les retransforme en message original.

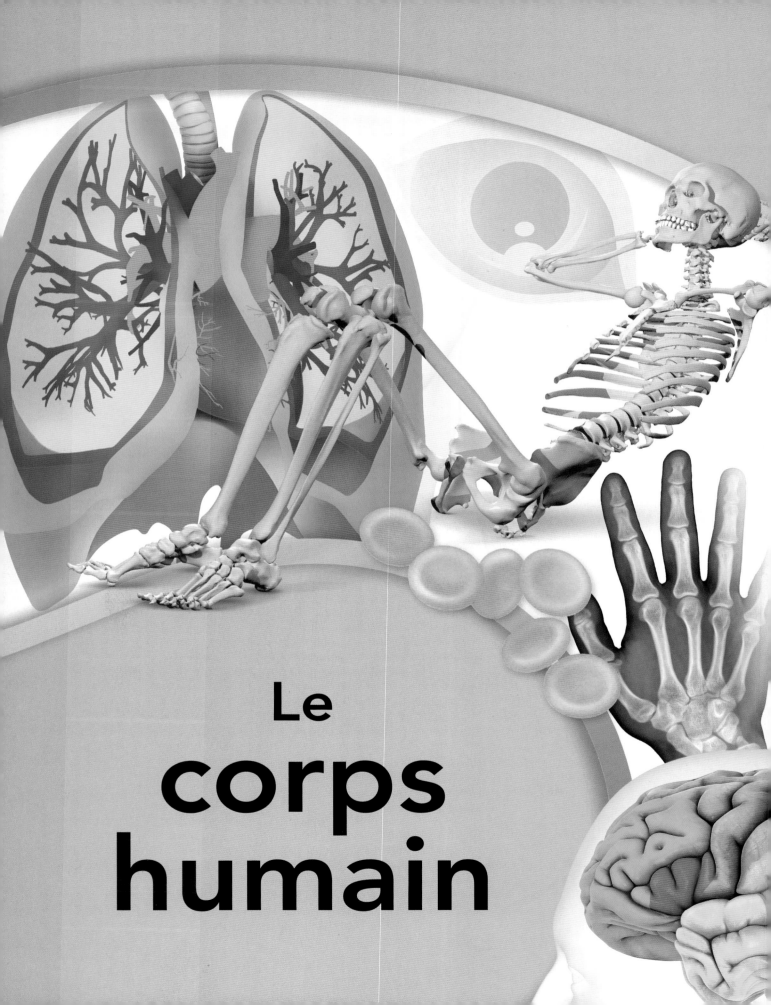

Le
corps
humain

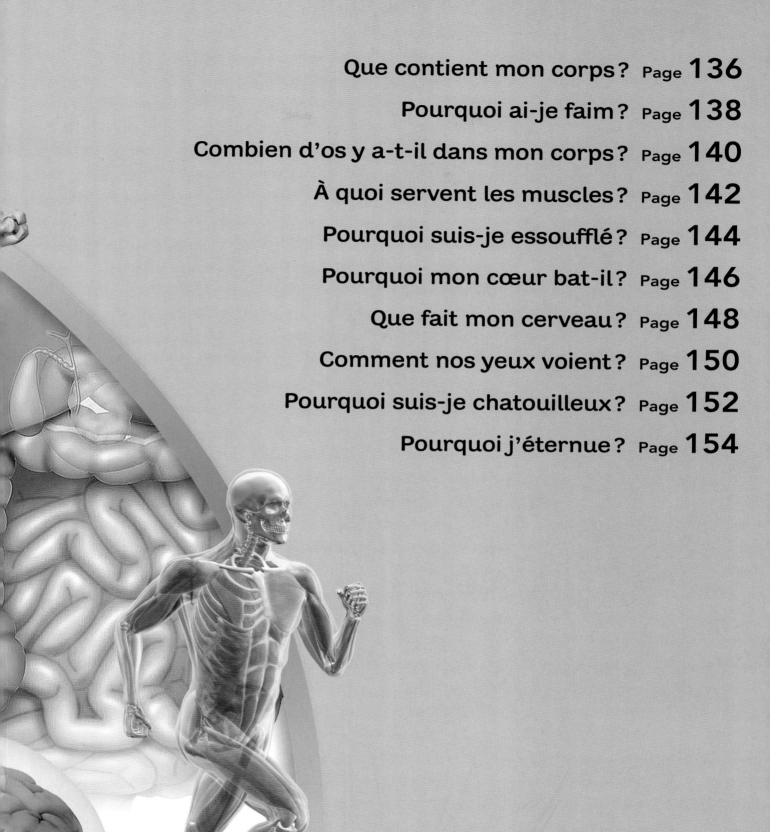

Que contient mon corps ?

Des milliards de milliards de petits êtres vivants, les cellules, composent le corps et s'unissent pour former des tissus (par exemple : muscles et nerfs). Les tissus travaillant ensemble forment les organes (par exemple : cerveau et cœur).

Centre de contrôle

Pour bouger et penser, tu as besoin de ton cerveau. Sans lui, ton corps ne pourrait rien faire.

Boîte à son

Quand l'air respiré passe sur ton larynx, les cordes qui sont à l'intérieur vibrent pour créer du son et te permettre de parler.

Respiration

En inspirant, tes poumons absorbent l'oxygène dans l'air. En expirant, ils rejettent le gaz dont tu n'as pas besoin.

Pompe sanguine

Le cœur est une pompe qui envoie le sang à travers le corps. Il bat nuit et jour, sans s'arrêter.

Quiz express

Quelle partie du corps produit du son ?

À quoi sert ton cœur ?

Où est stockée l'urine dans ton corps ?

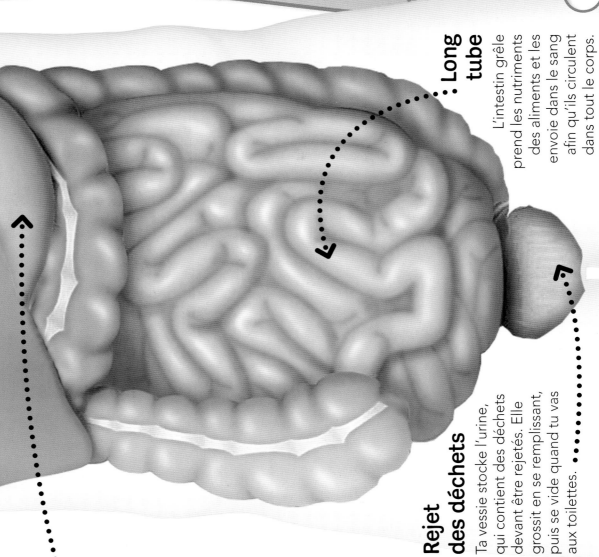

Long tube

L'intestin grêle prend les nutriments des aliments et les envoie dans le sang afin qu'ils circulent dans tout le corps.

Transformation des aliments

Ton foie est une petite usine : il prend ce que tu manges, sépare le bon du mauvais, puis l'envoie vers les bonnes parties de ton corps.

Notre corps a la même quantité de **poils** que celui d'un **chimpanzé.**

Réception

L'estomac est un sac de muscles. Sa paroi sécrète des sucs gastriques qui décomposent les aliments afin que ton corps reçoive des nutriments.

Rejet des déchets

Ta vessie stocke l'urine, qui contient des déchets devant être rejetés. Elle grossit en se remplissant, puis se vide quand tu vas aux toilettes.

Gros plan sur les cellules

Les cellules sont microscopiques, mais elles te font vivre. Il y en a de nombreux types qui forment les parties de ton corps, comme le sang, les os, les muscles et la graisse.

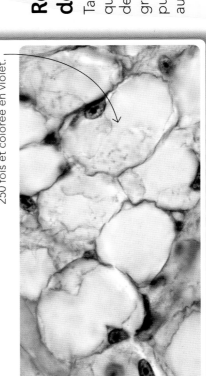

Une cellule graisseuse agrandie 250 fois et colorée en violet.

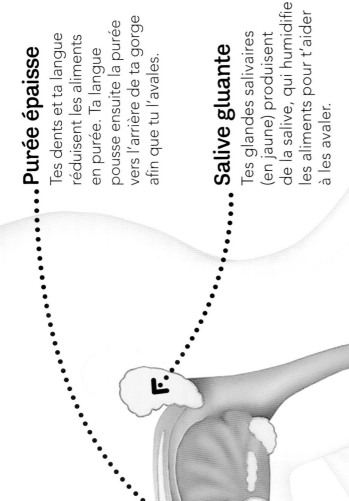

...Purée épaisse

Tes dents et ta langue réduisent les aliments en purée. Ta langue pousse ensuite la purée vers l'arrière de ta gorge afin que tu l'avales.

Salive gluante

Tes glandes salivaires (en jaune) produisent de la salive, qui humidifie les aliments pour t'aider à les avaler.

En mangeant, ton estomac peut **s'élargir de 20 fois** sa taille.

Broyeur

Les muscles de l'estomac malaxent les aliments en un liquide crémeux pour t'aider à digérer (absorber les nutriments).

Dans le tube

Après avoir été avalés, les aliments descendent le long d'un tube, l'œsophage, et atteignent l'estomac après 10 secondes.

Usine alimentaire

Ton foie est une usine alimentaire qui travaille beaucoup. Il s'assure que les différentes parties des aliments vont aux bons endroits de ton corps.

Pourquoi ai-je faim ?

Tu dois manger afin d'avoir de l'énergie pour jouer, penser, grandir, etc. Quand ton estomac est vide, un agent chimique à l'intérieur envoie un message à ton cerveau pour lui dire qu'il est temps de manger.

Quiz express

Comment sais-tu quand tu dois manger?

Où se passe la plupart de la digestion?

Où se forme les selles?

Sucs digestifs

Ton pancréas produit des sucs (jus) digestifs, substances aidant à décomposer les aliments.

Terminus

Les selles traversent un tube appelé le rectum, puis sortent par l'anus.

Graisse décomposée

Ta vésicule biliaire stocke de la bile, une substance aidant à décomposer la graisse des aliments en gouttelettes.

Toutes les bonnes choses

Ton intestin grêle s'occupe de la plupart de la digestion. Les aliments sont décomposés pour en extraire les nutriments et les envoyer dans ton corps.

Les selles

Ton gros intestin absorbe l'eau des aliments, en laissant de côté les déchets non nécessaires : les selles.

Dans l'estomac

Ton estomac est un sac de muscles, qui stocke les aliments et commence à les digérer.

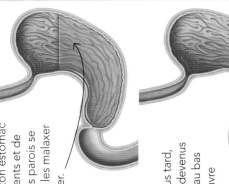

Lors d'un repas, ton estomac se remplit d'aliments et de sucs digestifs. Ses parois se contractent pour les malaxer et les décomposer.

Quatre heures plus tard, les aliments sont devenus liquides. Un trou au bas de l'estomac s'ouvre et libère un peu de liquide à la fois dans ton intestin grêle.

Combien d'os y a-t-il dans mon corps ?

Le corps humain contient 206 os, dont plus de la moitié sont dans tes mains et tes pieds. Les os forment une charpente pour ton corps : le squelette. Ils travaillent aussi avec tes muscles pour t'aider à bouger, et protègent tes organes.

Genoux articulés

Une articulation est l'endroi où deux os se rencontrent Le genou est la plus grosse du corps et se plie telle une charnière

Tes os forment un sixième de ton poids.

Fémur

Tibia

Pelvis

Pied flexible

Chaque pied a 26 os. Cela rend les pieds assez flexibles pour pouvoir marcher, sauter et courir.

Quiz express

⚝ Quelle est ta plus grosse articulation ?

⚝ Le crâne a-t-il un ou plusieurs os ?

⚝ Combien d'os a la colonne vertébrale ?

Super crâne

Le crâne est formé de 8 os, bien que la plupart soient soudés. Seule la mâchoire inférieure peut bouger.

Radius

Coude

Le coude est une articulation à charnière qui permet de plier et tendre le bras.

Clavicule

Cage de protection

Tes côtes forment une cage qui protège tes organes mous et fragiles de ton corps (par exemple : cœur et poumons).

Colonne vertébrale

Elle se compose de 26 os, les vertèbres, qui te permettent de te retourner et te pencher.

Un os est **6 fois** **plus solide** qu'une barre d'acier du même poids.

Croissance des os

Le squelette d'un bébé est surtout du cartilage, la même chose dont sont faites tes oreilles. Mais ce cartilage, lui, se solidifie en os en grandissant.

Main d'adulte

Main de bébé

Cartilage

Os

Plus gros os

Le fémur est l'os le plus solide et le plus lourd de ton corps. C'est aussi le plus long (un quart de ta taille).

Plier le bras

Les mouvements de ton coude (l'articulation des os de ton bras) sont contrôlés par une paire de muscles : les biceps et les triceps.

1. Fléchissement

Quand ton biceps se contracte (raccourcit et s'épaissit), il plie ton coude et tire ton avant-bras vers ton épaule.

Biceps

Triceps

À quoi servent les muscles ?

Les muscles sont importants car ils aident ton corps à bouger. Sans eux, tu ne pourrais pas marcher, sauter, cligner des yeux ou respirer. Ils sont faits de fibres aussi fines qu'un cheveu.

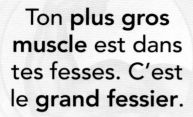

Ton **plus gros muscle** est dans tes fesses. C'est le **grand fessier**.

Tendons solides

Les muscles sont attachés aux os par des tendons très résistants qui ressemblent à de fines cordes.

➋ Étirement

Quand ton triceps se contracte, il tire sur ton avant-bras pour l'éloigner de ton épaule.

Biceps

Triceps

Tirer sans pousser

Ton corps a plus de 640 muscles qui t'aident à bouger. Ils peuvent tirer, mais pas pousser. Ils travaillent donc par paires qui tirent dans des directions opposées. Pour bouger ton pied, un muscle de ton tibia le tire vers le haut tandis qu'un muscle à l'arrière de ton mollet le tire vers le bas.

Tire le pied vers le bas

Tire le pied vers le haut

Pourquoi suis-je essoufflé ?

En respirant, tes poumons absorbent de l'air qui contient de l'oxygène. L'oxygène passe dans le sang et circule dans ton corps, pour te donner de l'énergie. En courant, tes muscles ont besoin de plus d'oxygène. Tu respires plus vite et profondément, ce qui t'essouffle.

Quiz express

 Quels vaisseaux partent des poumons ?

 Tes poumons sont-ils de la même taille ?

 Que fait ton diaphragme ?

Le **poumon gauche** est un peu **plus petit** que le droit, pour faire de la place au **cœur**.

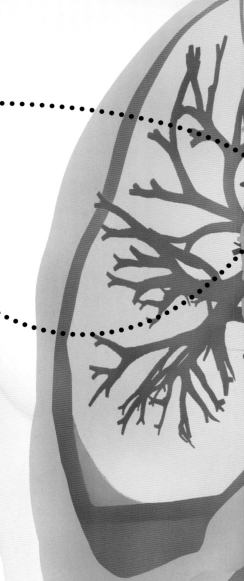

Inspiration
L'air passe dans ton corps par ton nez et ta bouche.

Entrée du sang
De gros vaisseaux sanguins (canaux transportant le sang), les artères pulmonaires, font passer le sang dans tes poumons pour prendre l'oxygène.

Sortie du sang
Des vaisseaux sanguins, les veines pulmonaires, font sortir le sang de tes poumons pour le faire circuler dans ton corps.

Tube annelé

Ta trachée est une voie respiratoire avec un tas d'anneaux élastiques qui la gardent ouverte pour que l'air atteigne tes poumons.

Poumons plus gros, plus petits

En inspirant, tes poumons grossissent et ton diaphragme s'abaisse pour leur laisser plus de place. En expirant, ton diaphragme remonte vers le haut, en chassant l'air de tes poumons.

Inspiration

Expiration

Diaphragme

Canaux et sacs

Tes poumons sont remplis de milliers de petits canaux se terminant par de petits sacs (comme des bulles). L'oxygène passe dans le sang en traversant les canaux et les parois des sacs.

Au cœur

Ton cœur est un muscle puissant qui pompe le sang dans tout ton corps.

Diaphragme

C'est une cloison musculaire en dessous des poumons qui t'aide à respirer.

Pourquoi mon cœur bat-il ?

Ton cœur bat pour pomper du sang dans ton corps. Le sang transporte l'oxygène et les nutriments des aliments pour te donner de l'énergie. Il circule dans des canaux appelés artères et veines.

Quiz express

* Que transporte ton sang ?
* Comment s'appelle ta plus grosse artère ?
* Que font les globules blancs ?

Direction la tête

Un cinquième du sang de ton corps est dirigé vers ton cerveau.

Plus grosse artère

L'aorte est la plus grosse artère de ton corps (presque aussi large que ton pouce).

Force musculaire

Ton cœur est un muscle puissant qui pompe du sang sans se reposer. Il bat environ 100 000 fois par jour.

Départ du cœur

Tes artères (en rouge) transportent du sang contenant de l'oxygène du cœur aux cellules de ton corps.

Voyage de retour

Quand ton corps a utilisé tout l'oxygène, tes veines (en bleu) renvoient le sang vers ton cœur pour en obtenir plus.

Plus longue veine

La plus longue veine de ton corps va de ton pied au sommet de ta cuisse. C'est la veine saphène.

Rétrécissement

De petits canaux, les capillaires, font passer le sang de tes artères à tes veines. Ils sont plus fins qu'un cheveu.

En moyenne, le cœur humain bat 70-80 fois par minute.

Cellules sanguines

Le sang en contient trois types : les globules rouges qui transportent l'oxygène dans ton corps, les globules blancs qui te protègent des maladies et les plaquettes qui aident ton corps à guérir s'il est blessé.

Globules rouges

Que fait mon cerveau ?

Ton cerveau te fait penser, bouger, voir, entendre et parler. Tu t'en sers pour comprendre le monde qui t'entoure et il te permet de ressentir des émotions, comme l'amour, la colère ou l'excitation. Sans lui, tu ne pourrais rien faire du tout.

Ton cerveau est parcouru de profonds sillons et plis.

Qui tu es
La partie avant contrôle
ta façon de penser
et de te comporter.

Ce que tu dis
Tu utilises cette partie
de ton cerveau pour parler.

Ce que tu entends
Tes oreilles envoient des signaux
à cette partie afin que tu entendes.

Ton cerveau utilise
**1/5 de l'énergie
de ton corps.**

Quiz express

 Avec quelle partie du cerveau penses-tu ?

 Quelle partie contrôle la respiration ?

 Comment s'appelle une cellule nerveuse ?

Comment tu bouges
Cette partie commande
le travail de tes muscles.

Ce que tu sens
Tu te sers de cette
partie quand tu touches
quelque chose.

Comprendre les mots
Quand on te parle, cette
partie te fait comprendre
ce que signifient les mots.

Ce que tu vois
Tes yeux envoient
des messages
à cette partie
pour savoir
ce que tu regardes.

Cellules nerveuses

Le cerveau est fait
de milliards de cellules
nerveuses, les neurones,
qui s'envoient des signaux,
comme de l'électricité
passant dans des fils.

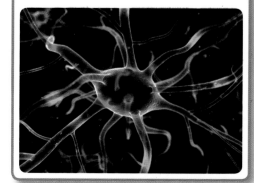

Ta respiration
Le tronc cérébral contrôle
ta respiration et ton
rythme cardiaque.

Comment nos yeux voient?

En regardant un objet, la lumière rebondit dessus et entre dans ton œil. Ton œil envoie ce signal à ton cerveau, qui te dit ensuite ce que tu regardes.

Couleur d'yeux
Le disque coloré devant ton globe oculaire s'appelle l'iris. Il contrôle la quantité de lumière qui entre.

Lumière
En regardant un objet, la lumière rebondit dessus et entre dans ton œil.

Trou noir
Un petit trou noir, la pupille, se trouve au centre de ton iris. Elle laisse entrer la lumière dans ton œil et grossit dans le noir pour t'aider à mieux voir.

Mise au point
Le cristallin transparent change de forme pour te faire voir de près comme de loin.

Tu ne peux pas **éternuer** les **yeux ouverts**.

De la gelée !

Ton œil est une boule molle remplie de liquide gélatineux qui l'aide à garder sa forme ronde.

Détection de lumière

La rétine est une couche de cellules sensibles à la lumière au dos de ton œil. Quand la lumière touche ces cellules, elles envoient des messages à ton cerveau.

À l'envers

Le cristallin courbe la lumière, de sorte à tout voir à l'envers. Notre cerveau retourne l'image dans le bon sens.

Rouler les yeux

Six muscles font bouger l'œil, pour regarder d'un côté à l'autre et de haut en bas.

Tes cinq sens

Tu as cinq sens (la vue, l'ouïe, l'odorat, le toucher et le goût) qui s'associent pour t'aider à comprendre le monde.

Vue

Ouïe

Odorat

Toucher

Goût

Au cerveau

Le nerf optique transmet des signaux lumineux à ton cerveau.

Quiz express

 Comment s'appelle la partie colorée de l'œil ?

 Où est la pupille ?

 Comment les signaux arrivent au cerveau ?

Pourquoi suis-je chatouilleux ?

Tu es chatouilleux car ta peau possède de nombreux petits récepteurs tactiles. Quand on te touche, ces récepteurs envoient des signaux à ton cerveau par des nerfs.

Au cerveau

Réseau de nerfs

Ton corps a des milliards de nerfs qui sont tous reliés entre eux et à la moelle épinière (une colonne de nerfs dans la colonne vertébrale), reliée au cerveau. Les nerfs transmettent des informations à la vitesse de l'éclair pour dire au corps ce qu'il doit faire.

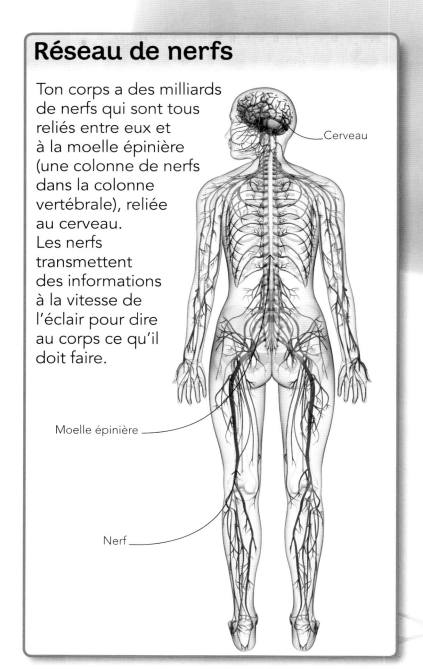

Cerveau

Moelle épinière

Nerf

Récepteurs de peau

Dans ta peau, des milliards de récepteurs tactiles aident ton cerveau à décider si ce que tu touches est froid ou chaud, doux ou coupant, agréable ou dangereux.

Un **signal** de douleur passe de l'orteil au cerveau en une **fraction de seconde**.

Du pied au cerveau

Les nerfs du pied font passer leurs signaux de la jambe à la colonne vertébrale, puis au cerveau. Le nerf sciatique est le plus long. Il part du pied et remonte toute la jambe jusqu'à la colonne vertébrale.

Messages aux muscles

Les nerfs transmettent aussi des signaux depuis la moelle épinière et le cerveau vers les muscles, pour les faire bouger.

Ça chatouille !

Quand une plume te chatouille le pied, tes récepteurs tactiles envoient des signaux à ton cerveau, qui réagit en te faisant rire. Ça ne marche pas si tu te chatouilles toi-même, car ton cerveau sait déjà ce qui produit la sensation.

Quiz express

 Qu'est-ce que la moelle épinière ?

 Combien y a-t-il de récepteurs tactiles ?

 Quel est le nerf le plus long ?

Pourquoi j'éternue ?

Éternuer aide ton corps à se débarrasser de quelque chose qui le gêne. Si tu inspires de petits grains de poussière ou de pollen, ils chatouillent ton nez et tu éternues pour les évacuer. Le virus du rhume te fait aussi éternuer, mais en l'évacuant, tu peux le transmettre à d'autres personnes.

Attrape-poussière

De petits poils dans le nez retiennent les grains de poussière inspirés pour les empêcher d'atteindre les poumons.

Éternuement express

En éternuant, les gouttes de mucus sont éjectées jusqu'à 40 km/h : la vitesse d'un champion de sprint !

Lavage des mains

Le virus du rhume peut survivre des heures sur des objets que les gens touchent, comme une poignée de porte, un téléphone ou la peau. Se laver les mains élimine le virus et garde en bonne santé.

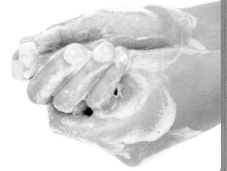

La crise
d'éternuement
la plus longue a duré
978 jours !

Éternuer fait travailler le ventre, la poitrine, le nez et la gorge.

Atchoum !

Les gouttes que tu éjectes
sont du mucus. Si tu es enrhumé
et qu'une autre personne
inspire ton mucus,
elle peut attraper
ton rhume.

Grain
de pollen

Grain
de pollen

Bactérie

Grain
de pollen

Poussière

Virus
du rhume

Poussière

Dans les gouttes

Chaque goutte peut contenir
beaucoup de choses, dont
des organismes vivants. Ce dessin
les agrandit des milliers de fois.

Index

Sers-toi de l'index
pour trouver ce que
tu cherches dans
le livre.

Remerciements

L'éditeur remercie Bharti Bedi, Simon Holland et Simon Mumford pour leur aide dans l'édition de ce livre.

L'éditeur remercie les sociétés et personnes suivantes pour leur aimable autorisation de reproduction des photographies.

(h : en haut, b : en bas, c : au centre, a : arrière-plan, g : à gauche, d : à droite)

1 Fotolia : DM7 (bc) ; Primal Pictures Ltd : (cdb). 4 NASA : JPL-Caltech (hd). 4-5 Science Photo Library : Henning Dalhoff (c). 6 ESO : http://creativecommons.org/licenses/by/3.0 (bg). NASA and The Hubble Heritage Team (AURA/STScl) : ESA / A. Aloisi (bg/irrégulière) ; ESA (cgb/vues séparées, cgb). 8 Dorling Kindersley : NASA (cgb). Dreamstime.com : Bradcollett (bc). 10 Dreamstime.com : Rosinka (g). 10-11 Pascal Henry,www.lesud.com : (bg). 12 NASA : (bc). 13 Dreamstime.com : Yael Weiss (cd/loupe). NASA : JPL / University of Colorado (cd). 14 NASA : Neil Armstrong, Apollo 11 Crew / GRIN (bg). 16-17 Science Photo Library : Henning Dalhoff (c). 16 Dreamstime.com : Pytyczech (bc). 19 NASA : Max Planck Institute for Solar System Research (cd). 20 Dreamstime.com : Luca Oleastri (bg). 20-21 NASA : (b). 21 Dreamstime.com : Themoderncanvas (cg). 22-23 NASA : JPL-Caltech. 25 Dreamstime.com : Yulia87 (cgb). 26-27 Dreamstime.com : Roberto Giovannini (h). 30 Corbis : Reuters (bg). 33 Corbis : Tui De Roy / Minden Pictures (hc). 35 Corbis : Ralph White (cd). 36-37 Dreamstime.com : Yulia87. 38-39 Corbis. 39 Science Photo Library : Frank Zullo (cd). 40-41 Corbis : Eric Nguyen. 40 Corbis : Meijert de Haan / epa (bg). 42 Dreamstime.com : Rosinka (g). 43 Dreamstime.com : Kenneth Keifer |

(bd). 44 Dorling Kindersley : Peter Minister, Digital Sculptor / Andrew Kerr (cg). Dreamstime.com : Skypixel (cb). 45 Dreamstime.com : Stefan Hermans (bc). 46 Dreamstime.com : Yael Weiss (bd). 46-47 Dreamstime.com : Roberto Giovannini (h). 48-49 Getty Images : Gary Vestal / Photographer's Choice (c). 50 Alamy Images : Simon Belcher (bg). 54-55 Corbis : Alissa Crandall (c). 55 Dreamstime.com : Hotshotsworldwide (hc). Fotolia : Mark Higgins (hd). 59 Corbis : Rod Patterson / Gallo Images (bd). 61 Dorling Kindersley : Twan Leenders (hd). 62-63 Dreamstime.com : Stefan Hermans (c). 63 Getty Images : Auscape / UIG (bd). 64-65 Dorling Kindersley : Peter Minister, Digital Sculptor / Andrew Kerr (c). 65 Dreamstime.com : Siloto (cdb). 66-67 Dreamstime.com : Haramambura. 67 Alamy Images : Alfred Schauhuber / Imagebroker (hc/mouche). Getty Images : Stephen Dalton / Minden Pictures (hc). 68 Dreamstime.com : Musat Christian (bg). 68-69 Dorling Kindersley : Andrew Kerr (c). 75 Alamy Images : Ariadne Van Zandbergen (cd). 80-81 Dorling Kindersley : Peter Minister, Digital Sculptor / Arran Lewis (c). 81 Dorling Kindersley : Andrew Kerr (bd). 82-83 Dorling Kindersley : Bedrock Studios (b). Photoshot : Daniel Heuclin / NHPA. 83 Science Photo Library : John Foster (bd). 84-85 Alamy Images : Aurora Photos. 84 Corbis : Robert Harding World Imagery (cg). Dorling Kindersley : Natural History Museum, London (bd/peinture rupestre) ; Pitt Rivers Museum, University of Oxford (bd) ; The Science Museum, London (bd/pierre taillée). 89 Dreamstime.com : Diego Elorza (cdh). 96-97 Dreamstime.com : Seamartini (b). 99 Dreamstime.com : Dariusz Kopestynski (bd). 102-103 Dreamstime.com : Seamartini (b). 102 Alamy Images : Niday Picture Library (bc). 106-107 Dreamstime.com : Pakwat69 (bc). 106 Corbis : Martin

Gallagher (cg). 109 Dreamstime.com : Lightpoet (cd). 110-111 Getty Images : Johanna Parkin / Stone. 111 Dreamstime.com : Cloki (cdb) ; Juan Moyano (bc). 112-113 Corbis : Martin Gallagher (b). Dreamstime.com : Haramambura. 114 Dreamstime.com : Rosinka (g). 114-115 Dreamstime.com : Roberto Giovannini. 115 Pearson Asset Library : Coleman Yuen (hc). 117 Dreamstime.com : Rafael Angel Irusta Machin (bd) ; Stanislav Tiplyashin (bg) ; Yegor Sachko (bc). 120 Dreamstime.com : James Wheeler (bd). 123 Dreamstime.com : Marbury67 (cdb). 124-125 Dreamstime.com : Jason Winter. 127 Dreamstime.com : Peter Zijlstra (bc). 129 Getty Images : Science & Society Picture Library (hd). 130-131 Dreamstime.com : Jorge Salcedo (b). 130 Dreamstime.com : Pakwat69 (b). 131 Dreamstime.com : Nevodka (c). NASA : JPL (b). 132 Dreamstime.com : Blotty (d) ; Tuulijumala (bc). 132-133 Dreamstime.com : Roberto Giovannini (h) ; Lbarn (bc). 133 Dreamstime.com : Blotty (c) ; Tuulijumala (bd). 134 Primal Pictures Ltd : (hd) ; Fotolia : Natallia Yaumenenka / eAlisa (cdb). 137 Getty Images : Ed Reschke / Photolibrary (bd). 140-141 Primal Pictures Ltd : (c). 141 Fotolia : Natallia Yaumenenka / eAlisa (bd). Science Photo Library : Aj Photo (bc). 142-143 Getty Images : MedicalRF.com (h). 143 Dreamstime.com : Rayuken (hc). 149 Corbis : Sebastian Kaulitzki / Science Photo Library (bd). 151 Corbis : Sean De Burca (cdh). 152-153 Dreamstime.com : Rick Sargeant (h). 154 PunchStock : Stockbyte (bg). 154-155 Dreamstime.com : Sebastian Kaulitzki (bd)

Toutes les autres images :
© Dorling Kindersley